四川省2020年度社科规划项目（普及项目）成果（项目编号：SC20KP035）；四川师范大学学术著作出版基金资助

欣赏生活的美

王兴国　王希羽◎著

光明日报出版社

图书在版编目（CIP）数据

欣赏生活的美 / 王兴国，王希羽著 . -- 北京：光
明日报出版社，2024. 7. -- ISBN 978 - 7 - 5194 - 8130 - 8

Ⅰ. B83-49

中国国家版本馆 CIP 数据核字第 2024X4U256 号

欣赏生活的美
XINSHANG SHENGHUO DE MEI

著　者：王兴国　王希羽	
责任编辑：郭玫君	责任校对：房　蓉　王秀青
封面设计：中联华文	责任印制：曹　净

出版发行：光明日报出版社

地　　址：北京市西城区永安路 106 号，100050

电　　话：010-63169890（咨询），010-63131930（邮购）

传　　真：010-63131930

网　　址：http：// book. gmw. cn

E - mail：gmrbcbs@ gmw. cn

法律顾问：北京市兰台律师事务所龚柳方律师

印　　刷：三河市华东印刷有限公司

装　　订：三河市华东印刷有限公司

本书如有破损、缺页、装订错误，请与本社联系调换，电话：010-63131930

开　本：170mm×240mm			
字　数：161 千字		印　张：15. 5	
版　次：2024 年 7 月第 1 版		印　次：2024 年 7 月第 1 次印刷	
书　号：ISBN 978 - 7 - 5194 - 8130 - 8			

定　价：78. 00 元

序

党的十九大报告指出，中国特色社会主义进入新时代，我国社会的主要矛盾已经转化为人民日益增长的美好生活需要和不平衡、不充分的发展之间的矛盾。满足"人民日益增长的美好生活需要"已经成为新时代中国特色社会主义现代化道路和建设事业中，全党全国各族人民都将为之努力奋斗的目标。党的二十大报告进一步强调了"推动文化自信自强，铸就社会主义文化新辉煌"。要以社会主义核心价值观为引领，发展社会主义先进文化，弘扬革命文化，传承中华优秀传统文化，满足人民日益增长的精神文化需求，增进民生福祉，不断实现人民对美好生活的向往。

关于"人民美好生活"，有学者将其分为三个层次：第一层次是物质性需要，即满足衣食住行；第二层次是社会性需要，如社会安全、社会公正等；第三层次是心理性需要，即由于心理需求而形成的精神文化需要。在当下社会物质生活高度繁荣，社会安全、保障正日趋健全的背景下，人民的心理需要即精神文化需求日渐突出。满足人民精神生活需求，一方面需要有审美对象，如各类艺术品及艺术活动，另一方面则需要人们有审美鉴赏能力，二者缺一不可。

在社会生活中，除了艺术家创造的艺术品与艺术活动能为我们的美好生活增光添彩之外，还有无数自然对象与社会对象可以作为审美对象。比如，自然美景与动植物世界，落霞朝日，红花绿叶，高山大河，各种动物、植物、建筑、服饰，各种工艺品及生活用品，人与人之间各种美好情感故事、善良和友爱、谦逊与自信等，各种行为举止、道德规范都可以成为审美对象，可以成为人类美好精神生活的重要组成部分。但是，对于这些美好生活内容与对象的审美并不是人人都能充分接受的，甚至可以说我们身边还有很大一部分人都不能正确发现、感受和欣赏生活中的美好元素。

法国雕塑家罗丹曾说过，"世界上并不缺少美，而是缺少发现美的眼睛"。马克思也说过，"对没有音乐感的耳朵来说，最美的音乐也毫无意义"。他们都在强调，想要欣赏美、感受美，就需要有一双能发现美的眼睛、能欣赏音乐的耳朵。在我们的生活世界中，美是无处不在的，关键在于我们如何去发现、感知。人的审美能力不是先天就有的，而要经过后天学习、实践训练才能形成。长期以来，由于人们所处环境不同，后天的学习与训练条件不同，人们的审美能力也就参差不齐，很大一部分人不能正确审美。所以，即使我们身边不乏美的现象，我们的生活中并不缺少美，很多人也不能发现美、感知美、欣赏美，自己的精神生活也得不到应有的提升。

围绕审美问题而形成的美学，很早就存在。从古希腊亚里士多德、苏格拉底、柏拉图到中国古代春秋战国时期的孔子、老子、庄子等，都在谈论审美。遗憾的是，自古以来，美学似乎仅仅被局限在学者讨论的范围内，甚至在今天，美学已被认为是一门比较"高深"的学问而寄寓于哲学、文学、艺术学理论等学科之中，穿插交互，被学者不断讨论。大众虽然时刻、处处都在接触美的事物与对象，但似乎与"美学"离得很远。当今一些学者提出的"实用美学""生活美学"概念，如李泽厚、刘悦笛、朱志荣、于丹以及西方学者萨特威尔（Savtwen）、理查德·舒斯特曼（Richard Shusterman）等人都在谈论"实用主义美学""环境美学""日常生活美学"等话题，也有一些大学开设生活美学类课程，虽然涉及了生活中很多具体的美学现象，但大多数还是停留在文人知识分子圈层谈美学理论，叙述方式多显得过分学理化，和大众的阅读接受能力还有些距离。

当前很多高校已充分认识到"美育"的重要意义和作用，特别是 2019 年教育部出台《关于切实加强新时代高等学校美育工作的意见》，2020 年中共中央、国务院办公厅出台《关于全面加强和改进新时代学校美育工作的意见》等文件后，各大中小学纷纷开设美育课程与美学研究机构，并陆续形成了比较丰富的美学理论研究成果。但高校内开设的美育课程或美学研究机构主要是面向在校大学生开展艺体素质类美育教育和学科理论研究，中小学美育大多无暇顾及社会美育问题，所以当前的学校美育工作很少涉及面向社会民众的审美普及教育，也很少见有专门面向大众开展基础美育、阐释生活美学的通俗读物。

因此，如何将"生活美学"阐释得更简单且易于理解，编写简明的大众生活美学读本《欣赏生活的美》和举办相应的审美知识讲座，面向大众开展审美普及教育就显得非常急迫。特别是今天，党的十九大、二十大都已将"满足人民美好生活需要"作为新时代全党和全国各族人民为之奋斗的重要目标，让老百姓掌握审美知识，提高审美素质和能力，认识什么是生活中的美，充分感受、发现日常生活中无时、无处不在的"美"，学会鉴赏生活中的器物美、服饰美、饮食美、建筑美、设计美，从而在当代社会物质高度繁荣的背景下能够清晰地认识到生活之美，主动拥抱生活之美便显得十分必要。

在四川省社科联的高度重视下，由本人申报的省社科普及项目《欣赏生活的美（大众审美知识读本）》生逢其时获得立项。在学校社科处及学院的大力支持下，本人经过两年多的努力，特别是在疫情耽误、各项工作受阻的情况下，断断续续，走走停停，终于在教学工作之余完成这部书稿，这对本人来说实属不易，在此特别感谢各方领导、朋友和家人！文稿虽还有些粗陋，但"有比无好"，在各方专家、读者朋友们的检阅和指正下，本人还将不断完善。期待首次出版后，此书能不断提升，从而使修订本面世。首次出版之机，若能为读者朋友们带去些许参考和消遣之利，或甚幸焉。

王兴国
二〇二三年十一月

目 录
CONTENTS

第一章　欣赏生活中的美 ……………………………… 1

一、生活中的美感是如何形成的 ………………… 16

二、生活审美的基本标准有哪些 ………………… 18

三、我们如何在日常生活中进行审美发现 ………… 29

第二章　自然景观之美 ………………………………… 39

一、人类所见的自然景观 ………………………… 39

二、自然景观的审美特征 ………………………… 44

三、如何开展对自然景观的审美 ………………… 55

第三章　建筑园林之美 ………………………………… 58

一、建筑艺术之美 ………………………………… 58

二、园林艺术之美 ………………………………… 76

三、如何开展对建筑园林的审美 ………………… 85

第四章　服饰器用之美 ………………………………… 87

一、人类生活中的服饰器用 ……………………… 87

二、服饰器用的审美特征 …………………………………… 92

三、如何开展对服饰器用的审美 …………………………… 110

第五章　茶酒饮食之美 …………………………………… 114

一、饮食之美 …………………………………………………… 115

二、茶酒之美 …………………………………………………… 128

三、如何发现饮食茶酒之美 ………………………………… 144

第六章　诗文书画之美 …………………………………… 146

一、概说诗文书画 …………………………………………… 146

二、诗文书画的审美特征 …………………………………… 157

三、如何开展对诗文书画的审美 …………………………… 170

第七章　乐舞影像之美 …………………………………… 180

一、概说乐舞影像 …………………………………………… 180

二、音乐舞蹈的审美特征 …………………………………… 184

三、影像的审美特征 ………………………………………… 192

四、音乐的欣赏方法与步骤 ………………………………… 201

五、影像艺术的审美鉴赏方法 ……………………………… 204

第八章　道德礼仪之美 …………………………………… 213

一、道德之美 ………………………………………………… 214

二、礼仪之美 ………………………………………………… 224

三、如何开展对道德礼仪美的审视与评价 ………………… 234

参考文献 …………………………………………………… 236

第一章

欣赏生活中的美

　　今天，我们生活在一个快速发展的时代，各类生活物资已极大丰富，各类吃、穿、住、行、用的条件不断趋于完美，这在以前，恐怕很多事情是无法想象或不敢奢望的。比如，近几十年我国在航天事业中的伟大成就，神舟系列飞船连续多次载人上天；神舟十三、十四号载人飞船，载着航天人员在宇宙中连续生活 6 个月，并完成一系列的出舱动作；2012 年中国"蛟龙"号潜艇曾下潜到马里亚纳海沟水下 7062 米的深度；目前世界各国城市都非常普及的地铁，时速 300 千米的高铁，长度达 55 千米的港珠澳大桥，桥墩高度达 565 米的北盘江大桥，高达 828 米的迪拜大厦；等等。这些成就，在以前社会都是人们不可想象的。当然，在《封神榜》《西游记》等神话小说中，曾有在天上自由驾云飞翔的神仙，有一个筋斗云就是十万八千里的孙悟空，也有善于"土遁"从地下逃走的土行孙。但这些都是神话小说中描写的情境，人们一开始就知道它是神话描写，是难以实现的，所以，形容做某一件事的难度——比登天还难，"登天、入地"也就成了比喻艰难或难以实现的词语。

近60年前，毛泽东主席在《重上井冈山》中描写中国人民的志气时，写下"可上九天揽月，可下五洋捉鳖"，在当时来说只是文学性描写，是表达中国人民豪情壮志的浪漫词句！殊不知，数十年后，"上九天揽月，下五洋捉鳖"已经成了很轻松的事！世界变化之快，社会发展之快，我们能想到的事后来几乎都变成了现实。人们不再为衣食住行发愁或不断奔波，物质生活方面的满足不再是问题。在几十年前，我们所认为的"精神生活的满足、文化艺术消费"就是看看电视，听听音乐会，玩电子游戏，唱卡拉OK，跳舞，打牌下棋，参加各类体育运动，等等。在今天看来，各类文化娱乐手段、设施条件又有了新的发展，并达到了高度繁荣。在城市乡村，各类文化娱乐、运动设施配备相当齐全，人们已经不再满足于一般的物质条件，而追求更高质量更高标准的发展。比如，在饮食方面，"吃饱"早已不是问题，但是"吃好"没有一个固定标准，或者说对"吃"的追求没有止境；在衣着方面，"穿暖"也不是问题，但"穿好"，特别是怎样穿着更美，却没有止境；其他方面，在"住"和"行"的问题上，可以说追求也都没有止境。从物质追求和精神追求两方面来说，物质追求可以用数字来衡量，人们对物质的消费数量是有限的，甚至可以说是固定的，比如，一个人的饭量，住房的面积，穿衣的数量都是有限的，但是一个人对物质质量的追求是无限的；在对精神生活内容的追求方面，也不可以用数字来衡量。所以，人们常说：没有"最好"，只有"更好"；没有"最强"，只有"更强"；没有"最美"，只有"更美"。虽然我们也经常用到"最美"一词，但面对某一具体物质对象时，比如，一道菜肴，一件衣服，一处住房，一件器物，一首音乐，一幅字画，它们的质量（味道、舒适度、美观度等），都是不能用"最"字（最好吃、最好听、最好看、最好用等）来准确评判的。如果说"最好"，那也只是相对而言，或者相对我们已经吃过、看过、穿过、用过的对象而言，是最好、最美的。生活中还有无限多的我们没有看过、吃过、用过、听过的对象，它们都是未知数。所以，人生对于"美好"的追求是无限的。

习近平总书记在中共十九大报告中指出，当前我国社会的主要矛盾已经转化为人民日益增长的美好生活需要和不平衡不充分的发展之间的矛盾，永远把人民对美好生活的向往作为奋斗目标。"人民美好生活"成为中共十九大报告中使用频率很高的一个词语，这也是近十年来习近平总书记在多种场合中经常提到的一句话。"我们的人民热爱生活，期盼有更好的教育、更稳定的工作、更满意的收入、更可靠的社会保障、更高水平的医疗卫生服务、更舒适的居住条件、更优美的环境"①。所

---

① 中共中央文献研究室．十八大以来重要文献选编（上）[M]．北京：中央文献出版社，2014：70．

以构建"人民美好生活"是近十年来党和政府工作的重要目标，是近年来各级政府工作文件中使用频率很高的一个词语。

什么是"人民美好生活"？中共十九大报告中曾指出，进入新时代，"人民美好生活需要日益广泛，不仅对物质文化生活提出了更高要求，而且在民主、法治、公平、正义、安全、环境等方面的要求日益增长"①，这说明"人民美好生活"不仅是物质增长，而且在民主、法治、公平、正义、安全、环境等方面要求更高，且是不断增长的。社会希望人与人之间的关系更和谐，人与人交往更公平，社会中更多正义，更多道德美好之人和事，食品、环境更安全，生活更舒适，才是更美好的生活。从某种程度上讲，虽然人们对物质的要求在不断增长，但是关于道德、法治、公平、正义、环境、安全等内容，则更多是涉及精神方面的需求。习近平总书记也谈及，要让老百姓受教育，工作、收入更满意，居住更舒适，环境更优美！当然这里所谓"更满意、更舒适、更好、更优美"，是一些比较性词语，与人们此前所经历过的对象事物相比较，是重在由"比较"而得出的结果，"有比较才有鉴别"。那么，今天的社会和人民生活怎样呢？与以前相比，都已有了极大的增长与改善！随着时间的推移和社会整体的发展，相信我们未来的生活

---

① 习近平. 决胜全面建成小康社会 夺取新时代中国特色社会主义伟大胜利——在中国共产党第十九次全国代表大会上的报告 [EB/OL]. 人民网，2017-10-27.

还会更好更美，这也是我们全党全社会不断努力的目标，让我们的工作生活越来越美好。

说到"美好生活"，它的具体内涵有哪些？我们且从文字、词义角度来分析一下什么是"美好"。

其一，什么是"美"？

汉代许慎《说文解字》是被历代人们引为证据的一部阐释汉字字义与内涵的书。根据汉字起源与构字原理，《说文解字》中认为，"美"是由"羊"和"大"字上下两部分组合而成的，古人在创造"美"字时，认为"羊大则美"。为什么"羊大则美"？在人类早期社会，物资（包括食物）非常匮乏，羊大（体型大）则肉多，肉多则能满足人的口腹之欲。所以，羊长得肥大就美；反之，如果羊不大，瘦骨嶙峋则不美。这是人们从满足味觉方面去评价的。当然也可以说，这是从人生存（食物之需）的角度去评判的。另外，还有一种解释是"羊人为美"。上面是"羊"，下面是"人"，是人戴着羊头跳舞。这个羊头作为人跳舞的面具，看起来很美！这是从人的视觉感官去评价的。为什么戴羊头就美？中国有句俗语"挂羊头卖狗肉"，与其意思有相似性，同样表现的是对羊头的推崇。在中国汉字中，将"羊"作为字头组合的还有很多，如"善、羹、羔、养"等，它们大多有美好之意。

今天，作为研究审美的美学著述中，人们对"美"字（还包括美感、审美等）也有很多阐释。《现代汉语词典》中解释"美"，一是"美丽、好看"，二是"使之变美"（作动词用，如"美容"），三是"令人满意"，四是"得意"。这里除了第二点"使之美丽"（作动词）之外，其他三点都是从视觉"好看"，感觉令人满意、得意几方面去解说的。"美"字主要用于形容某一对象事物的"好"，如美女（美丽的女子）、美食、美称（美丽的称呼）、美名、美貌、美术（使之美化的技术）等。当然，不管是从视觉，还是从味觉、听觉等方面去评价，它们都是给人的一种感觉，是人们关注或接触（或食用）的对象（事物），所以，关于"美"，我们还可以说它既是指一种感觉，也是指一种对象，是由这种对象（事物）让人（观者、听者、接受者）产生了舒适的、美好的感受。而这些对象既可以是具体可感的，如一盘食物，一件器物，一个人，一件事，也可以是接受者的一种感觉（情感、意识），它们都被称为美感。这些对象之所以让人产生（或感觉）美，一方面是因为这些事物对人来说是有意义、有价值的，比如，食物、住房、器物；或者即使没有价值，但感觉搭配很和谐，表现出安全、无害的模样，比如，一座山、一道彩虹、一只飞鸟。所以，有美学家在对"什么是美"进行概括和定义时，曾以"美是有用的"（或是无用的），或者用"美是主观的"（或客观的），或以"美是主观和客观的统一""美是客观性和社会性的统一"等来阐释。① 总之,对于"什么是美"曾有过非常多的定义,但似乎又都有概括不尽的地方,或者都能被找到反驳的理由。于是,美学上关于"什么是美"的争论无穷无尽。不过,对一般人而言,前述如"美"字的含义"羊大则美""羊人为美",或者"有用的即美""和谐的形式即美",这些都基本能指出什么是美的东西。其实我们每个人在面对一些简单的事物时,也都会有一个基本的美丑分辨能力。但是,对于复杂多变的事物、纷繁的社会现象,特别是对于高雅的文化艺术活动,对于"什么是美"则需要一些经验性的培养,还需要基本的审美知识与能力训练,才能更好地领略与辨别美。

事实上,一件事物(一个对象)的美与不美,还需要从多个角度——如情感心理、基本的文化修养、艺术修养等方面加以鉴别,才能更好地领略美。

在我们身边有许多人和事,特别是诸如自然环境、建筑、书画、设计、音乐、舞蹈、影像等,它们是不缺乏美感的。但是我们也有很多人对于一些传统艺术或者一些成熟的审美对象(事物),没有去认真研究、推敲,甚至经常有人面对美的事物"无动于衷",这都需要专门学习与训练。可以说,我们身边不乏美的事物,但缺乏发现美的眼睛,这也是本书专门作为一个问题来研究的原因。

---

① 叶朗. 美学原理 [M]. 北京:北京大学出版社,2009:10.

其二，什么是"好"？

从字义解释，"好"字在《说文解字》里的解释是，"美也，从女子"，这里的"子"是男子的美称，有帅男美女之搭配，则曰"好"，是美好的事情。所以，中国俗语中恭贺新婚有"百年好合"，男女恋爱亦称"相好"，恐怕都有此意。《现代汉语词典》中，"好"字有"hǎo""hào"两个读法，前者指"优点多、使人满意，友好、和睦、赞许、容易"等意，词典里面有14种用法之多，但主要的几种意思和用法，如"优点多、使人满意、赞许"等都和"美"字密切相关，后者所指"好"，如"爱好、好逸恶劳"，主要指"喜爱、喜好、容易发生"，特别是"喜爱、喜好"之意，也与"美"相关。既然是喜好，当然就是"美好"和"好的事情"，才让人喜欢、喜爱。所以综合来看，在汉语中"好"字主要是修饰事物对象的"美"和"善"，是优秀的、让人满意的对象（事物），有着高质量的标准才可称为"好"，如"好生活、好人、好房子、好事、好风景、好时光"，也都是指其"优美、善良"的属性。所以，"美好"用在一起既是互相修饰，也有加强和肯定的意思。首先，"美好生活"是"好"的生活，是高质量的、让人满意的生活。无论物质生活条件（衣、食、住、行），还是精神生活内容（听、闻、感、观），都是高质量的标准。其次，"美好生活"还必须是"美"的生活，无论是所见形式还是接触的具体内容，都是让人从视觉、味觉、听觉等感官上感觉到美的。美的生活必须是好的生活，好的生活也必须是美的生活，这就是对美好生活的阐释。

当然，这里还要说到生活本身。"生"是指"出生、生命的繁衍"，是一种原初的生命。我们常说"初生、求生、放生、充满生机"，都是指生命的存在。"活"则是生命的一种状态，是有动感的生命。我们常说"活生生""鲜活""活力"，"生活"本身就是人类的一种存在状态。人类要存在、繁衍，就必须生活。没有生活，当然也就没有人类乃至一切有生命的事物。所以，人类从一诞生就与"生活"二字相依相伴，"生活"对于人类的重要性可见一斑。人类每天都在生活，生生不息，而生活要有质量，有高标准的存在方式，才是"美好生活"。习近平总书记指出，满足人民对美好生活的向往需要就是我们的奋斗目标，是全党和各级政府工作努力的目标，应该说，这也是人类发展的根本追求。

谈完了对"美好生活"的诠释，回过头来，我们还必须进一步解释什么是美。我们的生活中何处有"美"？或者说"美"在我们日常生活中如何体现？

美好生活是人类一直追求的目标和崇尚的对象。

关于"美"的研究，中外历史上很早就有诸多哲学家、艺术家在进行探究。公元 2 世纪的西方哲学家柏拉图在其著名的《大希庇阿斯篇》（一篇专门讨论美的对话篇，也称《柏拉图对话录》）这篇文章中，就用先哲苏格拉底和希庇阿斯的对话来阐述"美是什么"，希庇阿斯给出了一系列回答，"美是一个漂亮的小姐""美是一个美的汤罐""美是黄金""美是一个美的竖琴"，但柏拉图认为这种回答只是表面现象，即只是谈及了"什么东西是美的"，甚至如"美是一个美的汤罐"这种用同一个字来循环解释的方式，是不能成立的。既然"美"是"美的汤罐"，那么什么才是"美的汤罐"？这个汤罐之所以美，其原因和标准是什么？所以，柏拉图进一步借用苏格拉底之口追问，"我问的是美本身，这美本身，加到任何一件事物上面，就使事物成其为美，不管它是一块石头、一块木头、一个人、一个神、一个动物还是一门学问"，而希庇阿斯则进一步给出了许多答案，"有用的就是美的""有益的就是美的""恰当的就是美的""美是由视觉和听觉产生的快感"，这些都是美的对象的基本特征和价值所在。而柏拉图借苏格拉底之口继续反驳，认为"美应该是放置于一切对象都适合的东西""美是永恒的，无始无终，不生不灭，不增不减的""一切美的事物都以它为源泉，有了它，那一切美的事物才成其为美"。这种神圣的、永恒的、绝对的、奇妙无比的"美"，柏拉图认为就是"美的理念"。后来，继承柏拉图这种学术理念的哲学家黑格尔进一步总结为"美就是理念的感性显现"。也就是说，所有的美都是符合这个特征的，即按照美的标准（理念）呈现出的一种感性的东西，这些都是后来研究美学（美的主客观属性）的代表性学说之一。

　　另外，西方早期的哲学家毕达哥拉斯提出的"美是和谐"，亚里士多德提出美的形式是"有秩序、匀称与明确"的特点，从形式结构上去阐述美；另一类有代表性的学说以英国的休谟为主，他认为"美并不是事物本身的一种性质，它只存在于观察者的心里，每一个人心里见出的一种不同的美，这个人觉得丑，另一个人可能觉得美，每个人应该默认他自己的感觉""各种味和色，以及其他的一切凭感官接受的性质都不在事物本身，而是只在感觉里，美和丑的情形也是如此"①。这一派观点也很有说服力。比如，中国俗话说"情人眼里出西施""青菜萝卜，各有所爱"，就是从主观心理方面来说明"美"在本质上也是一种感性的东西，它并不绝对。在甲看来美的东西，在乙的眼里可能就不美。前述两派观点都有自己很强有力的证词，也都有各自的道理，但二者都不是一致的，甚至一派观点就是对另一派观点的反驳。所以，后来一些美学家采用了折中的定义，或者是吸纳了二者的优点与理由，认为"美是主客观的统一"（此派以我国现代美学家朱光潜为代表），"美是客观性和社会性的统一"（此派以我国现代美学家李泽厚为代表）。李泽厚先生认为主观性也不是与生俱来的，而是受制于社会环境影响才形成了审美者的个性心理。比如，中国人和西方人在色彩审美上的差异就是如此。中国人喜欢红色，认为其

---

① 叶朗. 美学原理 [M]. 北京：北京大学出版社，2009：33.

喜庆，黄色是黄金的颜色，因而代表富贵，而对黑、白两色都不太喜欢；西方人却恰恰反之。这便是不同民族文化、不同社会背景熏陶所致。

上述这些观点，虽然一派反驳了另一派，或后来者吸收了前人观点的合理之处，又进行了综合，但是，在长期的社会生活实践中，我们认为，每一种观点都有其合理之处，有其存在的必要性和价值。针对社会生活中的复杂现象，我们可以用上述多种观点予以解释。所以，在关于"什么是美"的问题上，历来学者纷争不已，各抒己见，而又都存在合理之处。在今天我们追问"什么是美"和"美是什么"的问题时，甚至必须用上述诸多观点进行诠释才能更清楚。

美在我们生活中是如何体现的？我们如何去发现生活中的美（美好）呢？

一方面，美学作为研究审美的感性之学，它是建立在对世界万物审美的基础上的，虽然美学所研究的审美对象大多是艺术，如音乐、美术、舞蹈、书画、建筑等，但这些艺术本身也是人类生活中的重要组成部分。历史上，研究美的对象，如从早期古希腊哲学家苏格拉底、柏拉图到中国的孔子、庄子等人，在论述"什么是美"时，借以比喻、论证的对象也是"美女、黄金、汤罐、竖琴"或者"里仁""羊"，到后来美学家研究"美"所惯用的月亮、星辰、高山、花草、君子、美妇、修竹、梅花、兰花等，这些对象都是人类生活中常见之物，美学家在提炼审美特征时，也大多是从日常生活中进行总结。俄国著名美学家车尔尼雪夫斯基有一很著名的观点便是"美是生活""美来源于生活"。另一方面，21世纪以来，在美学研究界特别是东方美学界出现了一个新的名词——生活美学。中国社科院刘悦笛等一批学者积极倡导东方生活美学，他们把研究视角聚焦于生活中的方方面面：衣、食、住、行，吃、喝、玩、乐皆成艺术，皆有美学意义。2016年，在云南省博物馆还专门举办了"首届当代中国生活美学论坛"，会聚了众多美学界学者参与讨论，还出版了《东方生活美学》论文集。而且，就当今中国来看，随着时代的进步，社会物质条件高度发达，一部分有闲、有钱的人开始从事对生活品质的研究，也有很多人从事所谓"茶道""花道""琴道""香道""汉服社"，从事美食美味研究、古典家具收藏、工艺民艺、非遗保护、公共艺术行业等。这些年，文化创意产业、游戏动漫、室内设计、城市顶层设计、社区规划、旅行民俗盛行，这些都是人们生活品质提升并将"生活美学化"的一种趋势和表现。参与的人数众多，可以说左右了社会生活的发展趋势。在云南，以"普洱茶生活美学"为主题的"云茶之夜雅集"，参与人数多达上千；在成都，"国窖品鉴""品酒雅集宴会""五粮液新款品鉴"等活动也时常举行，这些活动不像通常在茶馆喝茶，在酒店餐饮喝酒那么简单。其他如书画品鉴、古玩品鉴等活动，在各城市也都很常见。这些活动都是由日常餐饮、会议展览等活动发展而来。这种生活方式的美学化，已经凸显了当代社会生活不断朝着高品质、美学化发展的特征。生活美学或者说我们生活中的美好形式越来越普及，人们的生活越来越美好。

当然，不仅上述这些专门的雅集是一种生活美学，事实上，在我们的生活中亦无处不具有"美"，无处不存在审美对象，关键在于我们如何去用心体验与发现。正如美学界关于"美的本质"的讨论中，各种观点都有——"美是客观的""美是主观的"，这些观点都有其合理的因素。主张"美是客观的"学者（以蔡仪为代表）认为：自然物本身就包含美。比如，自然界的梅花、兰花，都是人见人爱，人人都认可其是美的。而吕荧、高尔泰等主张"美是主观的"学者认为：自然界的梅花虽然美，但它还必须由人去观赏才行。其他如中秋明月、秋虫夜鸣这些自然界的美情美景，也都是要经过人类的欣赏才能呈现出来，否则，它们就会默默地从出现到消逝，无法体现出其"美"。二者各有其道理。后来的学者又进一步认为，"美是主客观的统一"（以朱光潜为代表），"美是客观性和社会性的统一"（以李泽厚为代表）。他们针对前人的观点进行了辩证思考，体现出了一定的学术性。从这几派有代表性的美学观点论争中，我们还归纳出几个关键要素，即美的对象（如自然界的花草、明月、蓝天等）虽然是客观存在的，也有其美的特征，但是，美不能离开观赏者！审美是一种发现行为，而对于美的认识程度还会因人而异。有的人认识浅薄甚至麻木，则难于发现自然界这些对象的"美"；有的人因为社会经验丰富，情感丰富，对美的感悟更加灵敏，因而他所发现的"美"的元素（或者深度）就会更丰富、更深刻。所以，"美"并不是对任何人都一样，我们还必须有一双能发现美的眼睛。甚至因时代、民族不同，或因阶级、地域不同，而会有美的差异性，此外，也会有一定的共同性。所以，唐代思想家、文学家柳宗元就曾说过，"夫美不自美，因人而彰，兰亭也，不遭右军，则清湍修竹，芜没于空山矣"①。

从上述论述可见，其实我们生活中的很多元素或对象都是具有美感的，如果我们不用心去发现，则感受不出生活中的美，体验不到生活中的精彩。反之，如果我们用心去体会，则可以从日常生活中发现很多美好的元素，感受到很多美妙的内容。这样，我们的生活就会更加美好，生活美学也是名副其实的。

所以，一方面，"美好生活"是由客观物质对象构成的，是由我们生活中具体的物质条件，比如，充足的、种类繁多的食物，宽敞明亮的住房，方便的交通，良好的教育，丰富的娱乐生活方式和文化活动载体等构成的，"美好生活"绝不是无本之木、无源之水。另一方面，有了丰富充足的物质条件，如

---

① 叶朗. 美学原理［M］. 北京：北京大学出版社，2009：43.

果我们不用心去体会，去发现，去享受，就好比我们面对满园春色、似锦繁花、五彩缤纷的霓虹灯、和谐的音乐、曼妙的舞蹈、美丽的画卷，但充耳不闻，闭目不见，也同样感受不到生活之美。美在何处？如果我们不用心享受，不与历史交流，不与不同时代进行比较，也是难以体验出什么是美好生活的。所以，构建美好生活，一方面需要由物质条件来实现，另一方面——也是非常重要的方面，就是需要我们用心去感悟。如果缺乏了后一环节——感受生活之美，再好的物质之美也是浪费；而如果后一个环节实践体验充分，则可以很好地实现生活美学。

既然生活审美很重要，那么，在日常生活中我们如何去开展生活审美，生活审美的基本标准有哪些，生活中的美感是如何形成的，我们不妨进一步展开讨论。

一、生活中的美感是如何形成的

人类的审美能力不是天生的。比如，一个小孩子出生以后，如果不加以教育，他是不会认字，不会读书的。不读书也就无法知晓古今天下大事，也就无从掌握各种知识与能力。"狼孩的故事"告诉我们，如果人一出生就生活在狼窝里，他是不会人类语言，也不懂人类的各种行为与技能的。所以，人类的各种能力需要后天学习。无论是语言、劳动、生活技能，还是各种知识技能，都需要后天学习，审美亦然。一个人天生是不懂"什么是美"的，人之所以能对各种事物进行辨别（审美），都依赖后天的学习。当然，一个人对于美丑的辨别能力也是长期学习和潜移默化的结果，对任何一件事物之美的认可也是长期受到影响的结果。中国有句俗话"儿不嫌母丑""自己的孩子最美"，这都是长期生活相处的结果。美学家常常谈道，审美因时代、民族、阶级、地域（也就是一个人所生活的社会背景）不同而会有差异。今天的女性以"瘦"为美，而唐代则盛行以"肥"为美。《红楼梦》中林黛玉的纤弱，在那些厨子、车夫等人眼里便不是美。中国人传统习惯中描写女性的美常用"齿白唇红"一词，但在非洲一些部落中，人们却专门要把牙齿染成黑色，他们流行"齿黑为美"。这些不同的审美标准都是受地域、时代、民族心理等因素影响所形成的。特别是一个地域、一个时代、一个民族的教育，总是潜移默化地影响着下一代青少年。所以，要培养美感，首先在于教育。对于审美知识与能力（对美的辨别能力以及习惯）的教育也称美育。今天，党和国家已高度重视美育工作。2020 年 12 月，中共中央办公厅、国务院办公厅还专门出台了《关于改进和加强新时代学校美育的意见》。当前，各级教育主管部门、各类学校对美育工作也都非常重视。美育不是一个简单的课程，它涉及文化素养与艺术素养等方面。当代美育课程是一个庞大的体系，各级教育部门都在认真规划，因为它将影响一个时代和全社会的审美能力，人们的审美能力又将影响到社会生活的方方面面，故非常重要。反过来说，当下社会所存在的审美误差，也是一个时代美育教育不足的体现。今天，为了培养青少年的美感，国家教育主管部门不断探索，研究出台了一系列开展美育工作的措施，艺术教育不断被重视，这必将在未来一个时期大大提高人们的审美能力，包括发现生活之美，构建生活美学的能力。

二、生活审美的基本标准有哪些

虽然我们前面谈到了审美的差异性，比如，同一事物（对象），不同的人（不同年龄、地域、民族、阶层等），他们的审美评判标准会有差异，甚至同一个人在不同时期或不同心理状态下，也会对同一类（件）事有不同的审美感受，但是从整体来看，审美对象仍然是有同一性的。也就是说，一个对象（或一件事），针对多位不同的人来说也会有同样的感受。比如，面对不同的气候和自然环境，春风和煦给人的一定是舒适感；夏日炎炎，特别是三伏天的高温，是没有人会喜欢的；也没有人喜欢乌云密布胜过皓月当空。又如，鲜花与枯叶，美味与腐尸，新家具与腐烂木材，时装与破布，没有人会厌恶前者而偏爱后者。所以，审美还是有其共同性的。审美的共同性是具有活力、干净、鲜艳，具体到不同类别、不同属性的对象中，它们又有较为具体的审美标准。比如，前文所言，"羊大则美"，而有些动物，如猫科动物，家养的猫看着可爱，老虎

（同为猫科动物）却给人以恐惧感。又如，一般人评价美女要个子高挑，但这个"高挑之美"一定是在人类正常范围内，如果是两米甚至更高的女性，带给观众的就不一定是美感，而是"庞然大物"的恐惧感！我们评价一位美女用"齿白唇红"，其皮肤用"光滑细腻"，但这一特征如果用到七八十岁的老大爷身上，只会给人以不伦不类的感受！再如，我们平常看到的橘子都是金黄色的，甘蔗是紫红色的，如果我们突然看到橘子是紫色外表，或甘蔗呈黄色，那你也一定不会认为其比正常颜色更美。这些都说明审美是有共同性的。这种审美的同一性，其实也是受制于长期审美习惯的熏陶。经过长期熏陶或教育，经过潜移默化，在我们的审美习惯里，就已经形成了"橘子是黄色的，甘蔗是紫色的"，美少女是"齿白唇红"，老大爷是"皮肤黢黑有皱纹、胡须银白"的审美定式，而突然出现的与我们生活经验不一致的对象便是不美的。这种审美的同一性，也可以说是我们在日常审美中的一些基本标准。当然，这些标准也是长期的文化积淀、环境熏陶、后天教育等因素所致。如果要说具体标准，我们只能根据不同的对象类别来讨论。比如，品尝川菜火锅的味道要以麻、辣、香为评判标准；欣赏花草要以其颜色的鲜艳度、色彩搭配的和谐性以及其生长的形态来评判；品评音乐要以其旋律的悠扬、节奏的和谐变化、音色的浑厚或纯净等标准来评判；观赏绘画主要以其色彩搭配、造型布局的形式感来进行评判；在欣赏书法作品时，楷书要以端正匀称来评判其美感与书写水平，行草书则要以其造型的生动性、结构的疏密变化和律动感来进行评判；等等。总之，各门艺术都有其独特的艺术语言和评判标准，我们不能用评判甲的标准来评判乙。如果要笔者来阐述和归纳对世间万物的审美标准，这远非有限的文字语言可以完全描述。但是，我们可以用形成（或影响）各类事物审美标准的依据来加以概述，也就是说，我们评价各种事物的美丑是依据什么理由（或哪些方面的因素）来构建的评判标准。

通过梳理，笔者认为，形成（或影响）各类事物的审美标准，主要是由五个方面的因素（或依据）构成，即生活阅历与经验，社会伦理道德标准，视觉形式感，人类味觉与听觉的适应性（感觉的舒适度），时代及环境影响。后文我们分别来讨论。

（一）生活阅历与经验

对审美而言，或者说对形成审美能力而言，一个人的生活阅历与经验是非常重要的因素。我们谈论美好的事物与对象，如果一个人生活中从未见过或经历过什么是这类事物的"好"与"不好"，没有见过这类事物的"美"与"不美"，那他一定是不能对这类事物进行审美的。俗话说，"没有比较就没有鉴别""没有对比就没有伤害"。"比较"从何而来？当然必须来源于生活经历，来源于直接的经历或间接的经验。人们并不是对所有事物的鉴别都必须"事必躬亲"，而更多的内容可以是来自间接的学习和受教育。比如，针对一个刚刚会说话、有知觉的孩子，让他说出什么是"危险""苦难""幸福与甜蜜"，他绝对无从知晓，也是表达不出来的。一个人生长在大山深处，从未见过大海（当然也包括从未在电影、电视、书籍中所见）的人，让他描绘和感受大海的"浩渺开阔"，他也会一无所知。中国有句俗语"井底之蛙"，即是形容长期生活在井底的青蛙不知道外面的世界怎样，更不知道天有多开阔。同样的道理，就像我们一般人都不知道宇宙的奥秘一样，我们没有经历、见识过的东西（对象），我们是无法判断其美丑是非的。一个从未经历过痛苦的人，绝不知道"痛苦"的滋味；一个没有经历过苦难的人，也不会感知和体验前人文艺作品中所描绘的"苦难"。所以，中国还有一句俗话叫"无知者无畏"。这些都说明，要正确鉴别和感知生活中的"美好"，或理解什么叫"美好"，对于我们身边的人物和事、自然环境等进行审美，如果没有生活阅历和经验是不行的。特别是关于"经验"，人类的生存时间与范围都很有限，我们不可能万事万物都去亲身经历一遍，但我们可以通过书本和其他媒介来间接感知事物的善与恶、美与丑，从而形成自己的审美经验和审美判断标准，这样才能开展正确的审美。针对各类不同事物皆如此。如果没有经历过或学习过相应的事物，就不知道这些事物的难易、善恶，也就不知道评判其"美、丑、好、坏"。现代社会各行业都有"专家"的称呼，开展书画比赛、摄影作品评选、影视作品评选等活动，都要由专家来评判，而不是随便找一个毫无经验、技能、阅历的人来评判，其原因也正在于此。

（二）社会道德与伦理标准

美是一种感官形式，也是一种伦理判断方式。"美"与"善"相连，与"好"相近，凡是美的东西都是善的、好的东西。《论语》中子张问"何为五美"，孔子曰，"君子惠而不费，劳而不怨，欲而不贪，泰而不骄，威而不狂"，这里所讲的"美"，其实几乎都是"善"，是"中庸的、平和的、好的"东西。有人统计，《论语》中讲到"美"有14次，其中10次都是"善""好"的意思。"美"是从感官、形式上去评判的"善、好"，这是从道德伦理和价值作用上去判断的。在生活中，"善"应该大于"美"的范畴，"美"的东西一定是"善"的东西，而"善"的东西还不一定"美"。比如，我们生活中有的食物的颜色与形态并不一定好看，但它是有营养价值的，对人有益的。如四川人做的臭豆腐、腊肉香肠，从形态与颜色上看，都比现代工厂生产的红肠要难看得多，但味道鲜美。又如，我们每个人自己的老母亲七八十岁时一定不比时尚杂志封面上的女明星好看，但母亲对我们来说，其慈爱、亲情却远胜一个陌生人（美女明星）。所以，孔子《论语》中也说，"尽美矣，未尽善也"，最美的东西和最善的东西还不能完全等同。"美"与"善"还存在一定的不同。但是，由于"美"的东西一定是"善"的，所以我们在评判一个"美"的对象时，如果我们不知其美的规则与标准，那么，"善""好"无疑也是一个值得肯定的标准。就像我们看到的被称为"美食、美人、美景、美物"的对象，虽然我们不知其评判的具体标准，但它们一定是对人类"有益"的，而这个"有益"是社会道德与伦理标准。比如，大家公认的"美食、美器"一定是符合人类的价值标准，对人类有益无害的。被评为"美景"的一定是适合人们旅游的地方，否则一个最危险的地方，如有毒气、瘴气的原始森林绝不是美景。一个作恶多端的男人或女人也绝不会被人称为"帅哥"或"美女"。在中国，那种外表看着美，但其行为恶的女人都被称为"妖"；人类的笑本来是美的，但不怀好意的笑则被称为"淫笑"；等等。这些都说明"美"的东西首先必须是"善"的东西。所以"善"既是评判"美"的重要支撑条件，又是一种道德伦理标准。凡是符合人类社会所奉行的伦理道德，则被称为"善良"的行为或事物。比如，忠诚、仁爱、慈祥、帮助他人、尊老爱幼、正直、勇敢等行为，这些符合社会惯常伦理道德的行为，在人们眼里就是"美"德，反之则"恶"，也就"不美"。所以，当我们不知"美"之为美，"什么是美"时，善的、好的、符合一般社会价值观、符合道德规范与伦理的德行，就可以被认为是美的。

　　在审美行为中，"情感"是一种重要手段和标准。有感情的对象一定是美的，所谓"情人眼里出西施"。而建立情感的基础又是以社会伦理道德为标准的。男女相悦，符合道德标准的爱是美好的爱情，而违背伦理道德的爱，则被认为是丑陋的、肮脏的行为。这也说明一个道理，即社会道德与伦理标准是人类社会审美的一个重要的标准。

（三）视觉形式与色彩搭配标准

审美是一种感官行为。所谓"感觉"，也就是眼睛所见，或是身体其他部分所感知。比如，以耳听（声音），以鼻嗅（气味），用嘴尝（舌尖尝味道），以手和身体触摸，等等。其中眼睛所见，即视觉感知的是事物的外部形态（有形的部分），这是构成事物的主要因素——形式。耳、鼻、舌乃至手脚所感知的则是无形的那一部分属性——如声音、气味、软硬度或粗糙度等，这是事物内在的属性，也是构成事物的另一主要部分。世间事物（对象）往往都是由外形和内质（内在的本质属性）两部分来构成的，我们评价一个事物的美丑、好坏，也需要从这两个方面去认知和评判。在评价方法和审美途径方面，我们当然也应从这两个方面去进行。外形审美是第一个环节，在外形审美途径上，我们主要从视觉形式与色彩搭配上着眼，一个对象是否美，与其外形（外部轮廓）和色彩是紧密相关的。

先说外形。我们对事物的第一印象往往来自外形，其外形的大小、方圆、粗细、直曲、尖锐或圆融，都会给人带来不同的感受。大的物体雄壮而有气魄，小的物体秀气玲珑；方正的物体正直稳重有力量，圆的物体柔和圆滑，富有润泽之灵气；

24

粗的对象健壮，细的对象纤弱；直的挺劲有力，曲的蜿蜒而有变化；尖的形状有刺激感，圆的形状更光滑；等等。不同的外形形式带给人们不同的美感，我们在评价一件事物对象时，它的形状首先就在审美感知上带给观者很深的印象，从而也为美感做了铺垫。当一个物体要表现某种主题意义时，其形状的方与圆，或大小粗细都会带给人很直观的美感。特别是要表达一种综合情感时，需要有多种几何形式的搭配，共同营造某种形态风格，这就是视觉所体现的作用。

另外还要谈及色彩及其搭配。人们对色彩的审美是有偏向性的，或者说，色彩本身对人的眼睛就有刺激作用。有的人天生对某种色彩就偏向喜好或偏向厌恶。有的地域或民族的人们对于某种色彩也有特别的爱好。再加之文化的影响作用，一些色彩被赋予了特定的文化含义，因此必然会使人们在观看物体对象之色彩时出现某种偏好。另外，色彩的亮度（强度），不同色彩的搭配，也会对观者的视觉产生冲击。搭配色度接近、和谐的不同色彩会让人看着舒服一些，也就会产生美感。相反，搭配不和谐、色度反差太大的颜色组合，就会给观众带来刺激和不适应的感官效应，这样的颜色及其搭配也就是不美的。所以，色彩的审美受制于文化的积淀、习惯的影响以及色彩搭配是否和谐，这也是我们常常看到自然界花草树木的颜色特别纯净，特别丰富，（在自然光照下）显得很和谐、很美的原因。而一些蹩脚的画家不擅长颜色搭配，会使画面不美。我

们在欣赏不同事物时，凡直接映入眼帘的对象，均可以视觉形
式感与色彩的搭配为标准来进行审美评判。

图1　新疆江布拉克景区

（四）感觉的舒适度

前面所谈的是视觉形式，是眼睛直接所见，这往往是第一
印象，此外还有味觉、听觉与触觉方面的感受。自然界和人类
事物中关于"美"的评判标准，一在外形，一在内质。前者用
视觉感知，后者因为涉及的对象属性更加复杂，因而需要从味
觉、听觉与触觉几个方面去感知。比如，评判食物、衣物是否
美，不仅要看外形，还要更重内质。因为这些对象不仅仅是用
来观看的，更是用来满足人们生存需要的。食物需要用嘴吃下
去，产生味觉；衣服直接穿在身上会产生触觉和温暖度。食物

吃在口里，经过舌尖感触，其"酸、甜、苦、辣、麻"如果非常适合人的味觉，特别是各种滋味的搭配非常和谐，便产生舒适感，我们也就称之为美味、美食；反之，如果没有产生舒适感，就不是美食。人们对于甜的、香的味道特别感兴趣，因此形容一种美食为"香甜可口"，而对于苦、涩的味道，人们难以接受，则"苦涩难咽"。人们常常评价美食用"色香味俱全"来形容，一些高档菜品甚至还有特殊的造型。因此，评价美食，首先从视觉上观其颜色和造型，更重要的则是品其味道，从味觉上感知。同样的道理，一件衣服首先映入眼帘的是其外形（款式）、色彩，但更重要的是穿在身上的触觉——是否舒适、暖和或凉爽，是否合身或有利于身体活动，我们必须从这几个方面去评价。特别是后者直接对使用者产生实际的使用价值，如果不合身，冬天不保暖或夏天不凉爽舒适的衣服，即使款式颜色搭配得再好，也是不适合使用者的。所以，衣、食这些对象，其使用价值是首要的。生活中还有诸多对象需要以触觉、味觉和听觉来做审美判断。比如，我们日常生活中的家具家什、器皿、桌椅、碗筷、室内装饰物等，这些都是首先以触觉、味觉去评价其美的。音乐、戏剧、戏曲等，则是以声音、音质来作用于人的，它的听觉舒适度（包括音质、音量高低）也是评价其美的重要标准。可以说，凡是直接作用于人，满足人类实用需要的对象，其触觉、味觉、听觉审美都是最重要的标准，而不仅仅是外表。

（五）时代环境的影响

人们生活在不同的时代与地域环境，其审美也将受到不同的影响。鲁迅先生曾谈道，"经学家看见易，道学家看见淫，才子看见缠绵"①。不同阶级（当然也包括处于不同时代和地域环境的人们），对于同一对象的审美是不同的。这是因为不同阶级、不同时代和不同地域的人们所受教育不同，社会立场不同，对一件事物的需求（有利性）不同，其审美标准也就不同。时代不同，人们的审美观念会发生变化。比如，几十年前（新中国成立初期）人们对美女的印象是齐耳短发，穿列宁装，扎腰带，显得十分干练；而现代美女的标准是身材高挑，精瘦苗条，有骨感；唐代美女的形象则是宽袍阔袖，裙罗加身，面容丰腴；当今很多年轻女性装扮上讲究个性，露背露脐，贴眼睫毛，戴耳环项链甚至鼻环，穿有破洞的牛仔裤；等等。时代不断在变，人们的装扮气质也在变。比如，不同年龄、不同阶层的人们，其审美观也是不一样的。老年人喜欢稳重端庄、朴实的打扮；年轻人喜欢个性，形象要独特；都市人喜欢个性化穿着，哪怕是一件很好看的衣服，如果穿出去遇见另一人也穿着同样的衣服则是不美的事情。事实上，工业化时代大多是批量生产衣服，衣服相同的情况会很普遍，现在很多年轻女性就会觉得"撞衫"（两人穿一样款式颜色的衣服相遇）很尴尬

———————————

① 鲁迅.鲁迅全集：第 8 卷［M］.北京：人民文学出版社，2005：179.

（不美）。住房、城市建筑方面，几十年前人们以整齐化为美，城市楼房设计建设时，一溜溜排列；今天的建筑则讲究变化与差异，设计师在外形上想方设法要与周围拉开差距。比如，各民族的民居也是颇有特色的，如北方的蒙古包、南方的吊脚楼等。这些都是因为不同时代、不同地域、不同阶层、不同年龄等因素对审美的影响。为了满足不同人的审美口味，现在一些特别高档的衣服都讲究独家定制，影视剧、餐厅、酒吧都要针对不同人群的消费观、审美观去制作不同类型的产品（作品），这使当下社会各种物品种类更多，类别更丰富，这也是因审美标准不同而形成的结果。适合的就是好的、美的，这是当代审美中的普遍现象和重要标准之一。

三、我们如何在日常生活中进行审美发现

第一要有"远心"。

东晋诗人陶渊明有首《饮酒诗（第五）》非常有名："结庐在人境，而无车马喧。问君何能尔？心远地自偏。采菊东篱下，悠然见南山。山气日夕佳，飞鸟相与还。此中有真意，欲辨已忘言。"我相信很多人都曾读过这首诗。陶渊明是著名的山水田园诗人，其笔下多描写优美的自然山水风光，"采菊东篱下，悠然见南山"，宁静安详，恬淡舒适，这也是许多人都羡慕的境界。但诗中一句"问君何能尔？心远地自偏"却道出了形成美景（和审美因素）的关键——"心远地自偏"。那些

让人着迷的风景，都不一定是在遥远的地方，而是指一种心境。所谓"境由心造"，这些美景都可以从日常生活中来，只要自己有一颗能从平常生活中发现美、体验美的心灵。"远方"在中国文学艺术中是一个充满神秘、让人神往的美好之处的代称。文学作品都会夸赞"志在远方"者，描写一些成功的人，也都会描写其游历远方。比如，孔子周游列国，司马迁游历各地，徐霞客走遍大半个中国，古希腊哲人、印度传教者很多也如此。所以，诗和远方成为人们心中的圣地。诗人汪国真曾说："凡是遥远的地方，对我们都有一种诱惑。不是诱惑于美丽，就是诱惑于传说。"① 诗经《蒹葭》中也说："所谓伊人，在水一方（远方）。"王骆宾的歌大家都会吟唱，"在那遥远的地方，有位好姑娘"。所以，在中外文艺作品中，"远方"就是"美好"和"诗意"的代名词。人们总是羡慕和憧憬走向远方，"远方"也是发现新的美和寻求精神寄托，摆脱现实之烦恼、苦闷的一种途径。艺术家多有游历远方的志向。李白、杜甫、苏轼都曾游历八方（当然，他们有的是出于被迫，但客观上成就了其远游），南北朝大画家宗炳，近现代大画家张大千、黄宾虹等人也都有游历远方的经历，这才成就了他们的艺术人生。远方固然很神秘，但是陶渊明那句名诗"心远地自偏"却又非常富有哲理。有一颗"远心"（"心远"）是发现

① 刘悦笛. 东方生活美学［M］. 北京：人民出版社，2019：319.

美、营造美的关键，这样才能从平常景物中发现不同之处，发现新意。人们之所以向往远方，主要是带有一种未知的神秘，或者说是因为距离感。这个"远方"也是人的一种好奇心所在，希望对未知事物予以探究。所以，"远心"也就是发现美、探索美的动力所在。如果没有这种探索、向往之心，即使远方景物再美，你也没有兴趣。那么，远方之美又从何谈起呢？

回到我们身边的日常景物与生活中来。其实，我们身边的各种事物（对象）非常繁多，我们只是没有兴趣去一一梳理和探究而已。这些景物、事物对远方的人来说，即为别人之"远方"，这也是一个辩证关系。只要我们有一颗"远心"（陶渊明所谓的"心远地自偏"），或者说有专门的审美之心和愿望，并特别用心，就会探幽索隐，营造美景，树立审美的心智，那么，我们针对生活中所见的诸多事物，就能充分调动审美、探索美的欲望，我们生活中的美才能被充分发掘出来。如果充耳不闻，麻木不仁，毫无审美的欲望，即使我们每天都能见到生活中众多的自然美景，美好的人和事，也不能体味其美。

第二要有"闲情"。

审美需要有良好的心情状态。清代李渔《闲情偶寄》中说："若能实具一段闲情，一双慧眼，则过目之物，尽是图画，入耳之声，无非诗料。"宋代杨万里有诗《闲居初夏午睡起》："梅子留酸软齿牙，芭蕉分绿与窗纱。日长睡起无情思，闲看儿童捉柳花。"辛弃疾《清平乐·村居》一词中也写道:"茅檐低小,溪上青青草。醉里吴音相媚好,白发谁家翁媪?大儿锄豆溪东,中儿正织鸡笼。最喜小儿无赖,溪头卧剥莲蓬。"[①]好一幅日常生活美景图!事实上,我们日常生活中的事情是不缺乏美情美景的,正如郑板桥《咏竹诗》所言:"衙斋卧听萧萧竹,疑是民间疾苦声。些小吾曹州县吏,一枝一叶总关情。"我们生活中的任何事物,只要用心去发现,都有它的美好之处。比如,前述杨万里和辛弃疾诗词中所写的都是寻常之景,一些成年人劳动、小孩子游戏,甚至无聊"无赖"的场景被写入了诗人笔下。这种以日常生活为对象来描写的古今优美诗词非常多。所以有人说,艺术来源于生活,美在生活,日常生活中充满着美感,关键是需要我们去发现。要去发现当然还要有条件,那就是有闲情闲心,心中没有特别烦心的事。当然也曾有文人在烦心时观察周围景致,那种情景与心情舒适时又不一样。所以李渔说,若得一段闲情,过目之物,尽是图画,入耳之声,无非诗料。有了闲情逸致,周围的情景都会如诗如画,这是何等丰富的美感。人的闲情一方面是物质生活丰富后,生活无忧无虑时才能诞生;另一方面,没有思想压力,没有烦心的事才会有闲情。就物质基础看,当今社会几乎已不是问题。社会高度发达,社会保障体系不断健全,今天的人们在物质方

---

① 刘悦笛. 东方生活美学 [M]. 北京:人民出版社,2019:327.

面可以说已远超古人。在我们这个时代，由人们的闲情逸致所诞生的条件无疑更多、更普遍。但是综合来看，今天的人们似乎还不如古代文人那样悠闲。若要找原因，这个问题应该比较复杂。其一，人们对物质生活的期望值（物欲）超过古人。很多人虽然都不缺乏衣食，但他们横向比较时感觉不如身边某人，心里自然会有落差。这种物欲及攀比心理，使今天的人们虽然在物质方面已胜过古人，但还是缺乏这种闲适平和的心态。所以，在生活中我们更应推崇"知足常乐"的心态。多回头看看，多和前人比较，我们的优越感、幸福感便会更多一分。其二，思想压力也是影响闲情的又一重要因素，特别是当下随着社会的高速发展，工作节奏加快，各种竞争、评比增多，人们的工作压力增大，工作中遇到的烦心事也不少，对人的负面心理影响增加。不过，就烦心事来说，古人也不少，特别是古代在朝为官的文人士大夫，各种政治斗争、人事纷争也不少。比如，廉政风险、党派之争、株连制等，也有各种难以预料的风险。但古代文人大都有一种超脱之心，如北宋苏轼因党派之争仕途中曾被一贬再贬，明代杨慎遭贬，一生从军看不到希望，但他们仍然能寄情于山水，寄情于物，留下众多美文诗篇。今天人们在面临工作压力、人事纷争时，不妨回头看看古人，看看那些洒脱放旷的古代文人，自我解压，多给自己放放假，或远游，或躲进小楼寄情于诗书，在生活中培养更多的文艺爱好，自然可以减压。而远游和沉浸于诗书、娱乐活动中时，自然就会多一份闲情。而拥有闲情则可用心用情欣赏周围的生活，发现我们生活中的美。反过来又以美娱心，带给自己更多的愉快和审美享受，何乐而不为？

第三是用"慧眼"。

鲁迅先生曾说，如果你要得到美的享受，就必须要有一双审美的眼睛。生活中并不缺少美，我们常常惊叹艺术家笔下、镜头下（无论文学、绘画、摄影等）所描绘、拍摄的美景、美物——这些我们几乎都曾见过，特别是画家、摄影家所描绘、拍摄的都是自然界出现的景物，比如，城市、农村的风景，特别是摄影中的场景都是实实在在，甚至每天都会出现在我们的视野中。但这些我们非常熟悉的场景出现在艺术家笔下或镜头下时，却常常让我们大为惊叹！原来我们家旁边这条小河，这座桥，这棵树，这座楼宇是如此之美，而我们平常怎么就没有注意到呢！如果有心的观众回头去重新审视我们身边的这些环境，可能有人会发现其美。但大多数人或许仍然不能发现这种美景！为什么出现在绘画（或影像）中的场景就比我们生活中所见更美，以至于人们常说美好的自然景物是"风景如画"——其美丽如"画卷"，而不说"画美如风景""美好如我们日常所见"呢？这里就有艺术提炼问题。哲学家说，艺术来源于生活又高于生活，美丽的绘画、影像作品虽然来源于日常生活，却比生活中所见更美，其根本原因就在于艺术提炼、裁剪。我们看画家所画的一座桥、一座房屋就是我们身边所见的这座桥、这处房屋，但画面上这座桥和房屋的展示角度却与我们平常所见不一样。所搭配的景物（或在画面上出现的景物）都经过了裁剪，都是以特别的角度，选取与之相协调的几处景物，而将旁边其他的对象删除了，这就很好地凸显出这座桥和房子的最美之处，这就是艺术的魅力。它将多余的或不协调的景物删去，留下的都是互相映衬、相得益彰的景物，从而呈现出最美的轮廓和效果。

摄影，更需要艺术家精心选择角度，选择光影与颜色的搭配，最后所呈现的都是最能代表美、代表和谐的画面。日常生活中，如果我们不在最佳角度、最佳时间去观察，虽然眼睛所见也是这个对象，但周围搭配的可能是杂乱的景物，穿着和行走都不和谐的人群，这些都会影响场景（景物）的美，这就是艺术裁剪的魅力。郑板桥曾言："删繁就简三秋树，领异标新二月花。"对于日常生活中所见的景物，如果我们不做选择一股脑儿地去观看，特别是有很多杂乱之处，当然就不如艺术家的作品了。所以，当我们欣赏生活中的景物时，就应该如艺术家一样去进行选择、裁剪，去发现审美的最佳角度。这就需要有一双善于发现美的眼睛，以"慧眼"识人识物。而这个"慧眼"不是人人天生就有的，它是需要后天培养训练的。也就是说，这是一种审美能力，需要有一定的审美鉴赏知识，需要有敏感的观察能力。就好比艺术家一样，能找到一个最佳的观察角度，才能更好地发现生活中的美。这个"慧眼"也是一种审美能力，需要通过教育及美育，通过社会阅历与经验的积累，需要对一些基本的艺术门类有了解，特别是对绘画、摄影、雕塑、舞蹈等造型艺术（视觉艺术）基本知识的了解，这样我们才能拥有一双善于发现周围事物形象色彩造型之美的眼睛（慧眼），当然也包括对文学、历史、哲学等人文知识的了解，我们才能发现生活中美好的人和事，才能更好地体会到日常生活之美。

第四要善于品味，要有敏感的嗅觉和审美滤镜。

生活中的美是需要我们慢慢去发现和品味的。而这个"品味"既需要有良好的味觉、嗅觉、触觉等身体机能，也需要时间和过程；既需要自身的审美能力与素质，还要有闲情逸致和耐心。就像我们品酒、品茶一样，好酒、好茶是需要慢慢品尝才能得其滋味的。一口喝下去，即使最好的陈酿美酒和上等好茶，也和一些劣质酒、普通茶叶的区别不是太大。毕竟只要是酒精类，就会有刺激口舌之处。但当你慢慢品味，特别是中国人品酒、品茶那一系列烦冗的程序，精致的器皿（茶具、酒杯），从望、闻、品各个环节都能体会出不同的奥妙。美好的食物需要细嚼慢咽，美好的住房环境，也需要用心慢慢品味。今天，美好的生活同样更要用心、用情细细品味。"品味"二字，一是要有时间、程序慢慢消化，深入感知与感受。一是要有敏感的味觉、嗅觉、触觉等身体素质，当然还需要有一种审美滤镜。生活中很多事物（对象）是需要慢慢品味的。中国有句俗话"日久生情",与一个人(或物)相处久了自然就会有感情。一处居所、一种小的地域环境,居住久了也会有感情。比如,我们常说"故乡美",每一个人总是对故乡充满了怀念回味,甚至出门久了都期盼回归,为什么?这就是生活中相处久了生出情感的原因。在故乡生活过的每个人,都会留下很多美好的回忆,所以值得留恋,这也是长期相处的结果。我们生活中遇到的人、出现的事、用过的器皿,时间长了都会生出感情。有感情自然就会生出"美感",所以,对我们长期接触过的景物与对象、人和事、风景等,我们都要有一种积极拥抱的姿态。对待生活,我们要有热爱之心、热爱之情,要有一种积极的态度。我们每天都可以慢慢品味其优点,发现其长处,感受其美好,这样生活对我们来说就显得更加美好。当然,我们还要有一种善于品味的能力,要有敏锐的触觉、嗅觉,对我们生活中好的东西要积极去发现。就像艺术家常常歌颂的风花雪月、山石草木等自然美景一样。春天的风和煦拂面,冬天的风却是凛然刺骨。所以,同一事物,我们接触观赏的时间角度不一样,其美感也是不一样的。自然界的人和事也一样,有可歌可泣的英雄与善良行为,也有令人愤怒和伤心的人与事。作为审美来讲,甚至作为生活来讲,我们都要用一种积极的、充满正能量的心态去生活。多看正面,少看负面;带着审美滤镜去发现美,摒弃丑。

当然我们并不是否认和逃避现实生活中的"丑"和麻烦,

真要遇上困难，我们也要积极应对。这样，春天春风是美的，白雪皑皑也是美的；明亮的秋月，初升的旭日，或者满天晚霞都是美的。多看看社会生活中美好的人和事，社会也是美好的；多品味生活中的美景与美事、美食、美味，我们的生活也是美的。无论一草一木，一事一物，一座桥梁，一幅绘画，一件器物，一篇文章和一对对过往的行人，一件件正在发生和不断发生的事情，它们都是美好风景的组成部分。生活是美好的，所以我们要热爱生活，拥抱生活，积极地过好每一天，这才体现了人生的美好。

第二章

自然景观之美

一、人类所见的自然景观

人类生活在大自然中，一刻也离不开自然景观。人们每天眼睛所见，耳鼻所听闻，手脚所接触到的，都是自然界中的各种对象。大自然中的景观（景物、环境）滋养着人类，它们既为人类提供了实质性的生存居住所需的物质，如食物（植物的果实、根茎，动物的皮肉等）、空气、水、房屋、用具（人们使用过的家具家什是大自然中的树木、泥土、矿物质所生产的对象器物），也是人类生活中一刻也不可或缺的对象；同时，自然界也为人类提供了活动空间和观看审美的对象，各种自然景物都成为人们眼之所见、耳之所闻的对象，它们充实着人类的生存活动空间，滋养着人的生命和审美能力，丰富着人类的物质生活和精神享受。所以，自然景观对人类来说，无论是从人类生存还是从精神需求看，都有着不可或缺的作用。今天，人们无论是生活在郊外田园、山里、河边、湖泊海岸周围，或者是生活在城市里，对于自然界的生存依赖都同等重要。特别是工作生活在城市里的人，天天被周围的水泥森林（城市建筑）包裹而麻痹了视野，很多人对大自然风光格外向往，并常常主动探寻。生活在城市里的人总是希望或喜欢旅游，他们往往不辞劳苦驾车奔波或乘坐各种交通工具走向郊外，走向远方。当看见一座座大山，一棵棵造型各异的树木，一处处山泉、湖泊，一个个植物、动物时，他们都倍感新鲜好奇。生活在城市中，一年四季人们都是与钢筋水泥建筑相接触，远方的郊外有雪山、草地、温泉，有原始森林、浩瀚的海面、广袤的沙漠，这些都不是人们能经常见到的，所以十分向往。很多人工作一段时间后，一旦有假期就要想办法去远游或走向郊外，去看远山、落日、大海、湖泊、雪山、草地、沙漠、丛林等。但是，当我们到郊外或远方旅游时，本来是希望去欣赏大自然之美，但由于我们对大自然的认识不深，欣赏不够，或者不懂欣赏方法与要领，很多人旅途奔波困苦不堪，对自然风光并未去深入欣赏和体验，或者即使看见了从未见过的雪山草地会新鲜一时，但因为兴趣点不在于此，而兴奋感转瞬即逝，不能去欣赏体验和慢慢品味，实在是得不偿失。很多人对于自己熟悉的环境与景物就更是麻木不仁了。我们不可能每天都去郊外旅游，也不可能每天所见都是新鲜的对象，绝大部分时候我们所见到的还是天天所见的熟悉对象，比如，身边的建筑、城市和住房所背靠的山峰、面临的河流，我们如何去对这些非常熟悉的事物进行充分欣赏，发现其美，让我们的精神生活更加充实，从而得到美的享受，这就需要我们加强对自然景观的审美与欣赏。

自然景观具有丰富的类型，涉及范围也非常广泛，我们大体可以将其分为两类：熟悉的和不熟悉的对象。

第一类是我们非常熟悉的身边所见对象。不管我们生活在城市还是农村，每天都会见到熟悉的住所，或高楼大厦、街道店面，所居住的房屋、山林，以及周边所围绕的花园（田园）树木。城市里，我们所拥有的街道、公园、小河、湖泊、校园以及街上的行人，路边的树木、街灯，校园里的草坪、花园、亭台楼阁、花草、盆景等，这些对象以及建筑物的造型（轮廓）在不同时间、不同季节、不同气候环境、不同光线的照射下，所呈现出的各种雨景、雪景、日景、夜景等都会有很大不同。即使我们每天两点一线，从居住的家到工作单位，从生活所在院落或楼房，到工作单位的高楼大厦以及所经过的街道，它们在不同时间段也会有若干变化。比如，我们的校园，春天百花齐放时和秋天落叶缤纷时，或雪后初霁，或早晨朝阳初升，阳光从树林中透下，或夜幕降临，周围华灯照耀，其场景都会有若干变化，景观也会有各种各样的情景变化。

第二类是远方、郊外的自然美景。如雪山、高原、深谷、大河、湖泊、山泉飞瀑、小溪、沙漠、海滩以及原始森林里的植物、动物，或者在湖泊湿地看白鹭群飞，看广袤的草原上一些珍稀动物奔跑等。远方的景色是不可预知的，尤其是我们旅游所到达的一处处从未去过的地方，其景色都会让我们感到非常新鲜好奇，会让我们具有强烈的兴奋感、惊奇感。而郊外、远方所涉及的范围实在太大太大，一个人一生不可能走过太多地方，即使有喜好"行万里路"或长期云游四方的行者游客，也不可能把世界各个角落或每一个地方都走遍。人的一生活动足迹非常有限，即使生活在一座城市，我们每个人也不可能把所有的地方，特别是比较偏僻的角落都去走遍。那么，我们看自然界的景色，因为所处的地点不同，观看角度不同，时间不同，所见到的景色也会不同。比如，一座山峰，远看近看都会不同。苏轼诗曰"横看成岭侧成峰，远近高低各不同"，就非常富有哲理。一座房屋，我们从正面看、从侧面看、从远看、从空中看，它的角度不同，形状就不同；一棵树，我们在春天看、夏天看、秋天看，树冠形状、树叶颜色都会不同。所以，自然景色可以说变化无穷，一个人不可能把所有景色都一一观赏完。古希腊哲学家赫拉克利特曾说"人不能两次踏进同一条河流"，中国的孔子也曾面对河流感叹："子在川上曰，逝者如斯夫！"我们站在河边看水流奔涌，每一刻的水流形状、色彩都会不同。所以，大自然实在是无比丰富、奇幻，变幻无穷的。自然景色之形状对人类来说，其具有的审美效果和魅力也是无穷无尽的。这些美景，无论是我们每天身边所见到的楼房、院子，还是我们旅游时走向远方，走进大自然中去有意寻求的奇花异草、不同美景，它们都具有无穷无尽的变化形态。不管是面对这些时时变幻的场景形状，还是我们有意识去寻找、观摩、眺望一些著名风景点，我们都要用心、用情去体验。如果一个人对自然环境只是用一种比较单一的视角或习惯的思维模式去看，我们每天走过的这条街，始终感觉还是那条街，我们每天看到的房屋，角度及其形状是固定的，以为其景色始终不变，那无异于"盲人摸象""管中窥豹"，我们所看到的也只是其冰山一角，而不是全貌。就好比看一个盆景，哪怕它很小，但是我们围着它从四面八方、远近高低不同角度去观看时，这个盆景的造型是不一样的。如果我们善于从不同角度、不同时间去观看大自然、欣赏大自然，即使面对一个比较单一的、固定的对象，我们也可以发现很多不同的形态与不同的美感。所以，对于自然景观的欣赏，其欣赏方法、角度、时间、思维情感不同，自然景观对象带给我们的美感也是无比丰富、无穷无尽的。我们生活在大自然中，如果充耳不闻、麻木不仁，不去用心用情欣赏周围的世界，我们的生活也就会无比单调、枯燥乏味，甚至人生都显得单调短暂。因此，努力寻求自然之美，欣赏自然之美，是一个人生命中非常有意义的事情，也是我们提高生活质量、丰富人生经历、创造美好生活的一种方法与手段。

图2　四川稻城亚丁风景

二、自然景观的审美特征

自然景观多种多样，难以详尽。人们的审美观念有所不同，且无论是个人爱好还是民族习俗、地域文化影响都有偏差。但是，人类对于美的认识，特别是对于自然景观之美的认识还是有诸多共同特征的。从对自然之美的评判标准，或从自然之美的特征来看，有时候，一处美景、一个对象，不同的人去欣赏它，也会有不同的美感，特别是善于欣赏自然景观美的人，可能会从中感受出若干美的特征或美感。一般而言，我们大都可以将自然界美景总结出一些带有普遍意义的审美特征。也就是说，任何一处人们认为它是美的自然景观，几乎都会具有这些基本的审美特征，或者至少拥有其一，或具备多个特征。这里，我们暂时将其梳理成六个方面的审美特征。

第一，实用舒适之美。

关于审美的实用性，我们从"美"字的释义里就曾谈及，"羊大为美"——一个美的事物，对接受者而言，首先是让人看着舒服，有美感。这种"舒适"的美感是人们审美的首要标准。从"审美"的实用性方面去评判，当人们在接触或看到、听到、感受到自然美景的时候，能产生一种愉悦的心情和舒适的观感，对人具有实用的好处。这种自然美景对人友善、无害；反之，如果一处景物或一个自然对象对人类不友好，让人看着、听着不舒适，对人无"利"，因而也就不"美"。比如，"雾里看花"一般认为是美的；但如果这团雾气是瘴气，是有毒的烟雾，人类一接近它就会中毒死亡，那么它对人类而言就是非常恶毒、恐怖的对象，这就绝不是"美"。又如，我们所听到的声音，如果听起来悦耳动听，并有舒适感，就是"乐音"（美妙的音乐）；反之，噪声就不美，因为噪声带给人的是刺耳或烦躁、不舒适。再如，公园里空气清新，绿树成荫，这就是美好的环境（对象），人置身其中，无论眼、耳、鼻的感受，都非常舒适，所以它被人类普遍认同为"美"；反之，一些脏乱臭的地方，如未经治理的公共厕所，人一走进去就会满眼污秽，闻着臭气熏天，这样的环境肯定也是不美的，没有任何人会喜欢。我们赞美的自然景观，一般都是旭日东升，或落霞满天。朝阳和落霞使人们看到的颜色非常舒适，不会刺眼；但烈日当空时，没有人敢直视太阳，因为它的强光会直接刺伤人的眼睛。所以，我们赞美太阳时，没有人会去赞美烈日，而往往都偏向于赞美初升的太阳或低垂的落日。月亮、星星让人看着时眼睛也是舒适的，因此它们也普遍为人们所欣赏。总之，自然景观中，无论是我们眼睛所看、身体所接触、耳朵所听闻的，还是鼻子所嗅到、舌尖所尝到的一些对象，如果带给人是舒适的感觉，就是美的，带给人不舒适之感的对象，就不是美的。包括食物的味道，我们常说"香甜可口"就是赞美食物之美；反之，"苦涩难咽"的食物就是不美的。所以，衡量事物的第一个最简单的标准就是人的五官（中医所指为眼耳口鼻舌）去感受时是否有舒适感，是否对人友善无害、实用。如当人非常饥渴时，喝上一口清凉的山泉就会觉得甘甜可口，这就是美的；反之，如果这个水不能饮用，是污秽的，即使人口渴，也难以去品尝饮用，它就是不美的。

第二，造型之美。

自然界事物都有一定的外在形态可供人们认识了解和观赏。无论是建筑楼宇、山石花草、动物植物，还是蓝天、白云、朝阳、落日、星月、烟火、大海、荒漠等，这些用眼睛能看到的都是有具体形态的，在艺术概念里我们可以称为"形式"或"造型"。自然景观首先映入眼帘的就是具体的形态，这些"形态"想吸引人的眼睛去观看就需要有美感。"形态美"在艺术美的范畴中涉及很多方面，比如，其"形"的大小、颜色深浅，各部分的比例搭配是否和谐等。例如，在艺术美范畴中，"人体美"是得到人们广泛推崇的一种美。人体为何美？就因为其五官、四肢各个部分比例搭配很和谐。生活中也有很多人"形体"不美，就是因为其不符合人体结构的正常比例，或眼睛太小，或嘴巴太大，或四肢太短，超出正常人的标准后，就缺乏美感。西方人早就发现了数字与美的关系——"黄金分割法则"。也就是说，当一个形体（如长方形）的长宽之比为 1∶0.618 时，这个形体就很美，这一数字关系也是最和谐（最美）的搭配关系。后来人们发现，凡是符合黄金分割比例的物体形状往往就是美的；反之，不符合黄金分割比例的这些造型就是不美的。人们眼睛所常见到的，无论山石树木还是动植物、建筑器具等，凡是美的物体对象都具有这种比例规律。比如，建筑造型，建筑师在设计某种建筑器用时，都会参考这种美的比例（黄金分割率）来设计，一座房子有多高，开间应有多宽，房屋与窗户、门框的比例等，都有一定的审美法则。而这个审美法则取决于两方面：一是古人所总结的规律，比如，黄金分割率；二是由人们习以为常、约定俗成的对象与事物的形态（形成习惯性的审美思维）来影响我们的审美。常言道，"情人眼里出西施""儿不嫌母丑"，我们天天所见的，比如，自己的父母、孩子，无论什么形态，都不会觉得其丑，原因也在于此。我们身边熟悉的对象，只要经过长期接触，也会逐步感受到它的美。所以，造型之美一是源于比例，二是源于长期的习惯。当然，还有自然界固有的造型特征——如我们所接触过的人或动物的各种本来的形体（造型）所带给观者的影响。总体来看，造型美需要其形体比例和谐、大小适度、搭配协调，符合人们惯常的思维。比如，端正、平稳、对称、整齐等，以这些标准去看待自然界的事物，它们大多是美的。又如，几乎所有的建筑楼宇、街道、机器、汽车、家具等，这些经过设计的对象都是具有美感的，因为它们经过了专门的设计，并符合上述各种审美特征，自然也就会得到大多数人的审美认同。

第三，色彩之美——有视觉舒适感。

前面在"实用美"中也谈及，自然美景要让人看起来舒适，对人有用、友善，而不是存在险恶、有害元素或视觉刺激、冲突等效果。人们感知自然界有形可视的对象，主要是以眼睛去观看，虽然也有以耳朵、鼻子等其他器官去感知、感觉的，但最主要的还是"眼见为实"。而以眼睛观看时，视觉上是否舒适，主要取决于色彩的呈现与搭配。我们常说美好的风景"美妙如画"，为什么实实在在的风景却要"如画"呢？因为绘画是色彩的艺术，绘画特别讲究色彩的搭配，画家总是以最和谐、最丰富优美的色彩进行搭配来描绘事物。所以，优美的自然风光也就像绘画一样，有着最美妙的色彩搭配。关于色彩，美术教材里专门讲到色彩的分类，自然界的颜色由红、黄、蓝三原色组成，不同颜色之间或它们在不同光线下还可以进行调和，形成新的颜色。比如，红色与黄色调和可以组成橘黄，红色与蓝色调和可以组成紫色，蓝色与黄色调和可以组成绿色。颜色中凡相近的颜色组合在一起就是比较和谐的。比如，红色与紫色，紫色与蓝色，它们之间紧挨着看起来就比较和谐；蓝色与绿色，绿色与黄色的组合也比较和谐。但是，绿色和红色就属于相对的颜色了，俗话说"红配绿，丑得哭"，就是指对立面的颜色（色差太大）配在一起，具有刺激冲突、对比强烈之特点。自然界中的颜色，比如，黑与白，红与绿，紫与黄，橙与蓝，这些颜色搭配在一起就显得冲突。而各种颜色在不同光线照耀下，其深浅还有诸多变化，还可以进行调和。西方绘画中非常注重光对颜色的调和，同一事物对象在室内或室外，在强光照耀下和处在阴雨连绵的天气或暗室中，它们的颜色都会有差别。西方画家早已研究出颜色变化和搭配的规律，所以，一位高明的画家的画作其颜色搭配是非常协调而美好的，我们说"风景如画"就是这个道理。自然山川中很多颜色因为处在特定的环境中，它们互相映衬，形成非常和谐的色彩。比如，绿叶，它的正面与背面因为受光不同，颜色就有深浅变化。叶尖和叶根部因为常年受光不同，其颜色也会有深浅变化，这些变化都是渐变的。又如，一棵树刚发出的嫩芽非常鲜绿，绿中偏黄；而老树叶就是绿中带黑，变成深绿或墨绿色了。它们组合在一起，其主色调还是绿色，但又有深浅变化，就形成既统一又有变化的色彩。再如，山石的颜色，一座山里的石头，它们与土壤经过长年风化及日照，其颜色搭配也处于渐变状态；湖泊、大海水面的颜色在阳光照耀下，水深的地方和水浅的地方颜色也有不同，但是它们总是呈现出偏蓝的颜色。大海、湖泊的水面为什么偏蓝，而我们玻璃饮水杯中的水却是无色透明的？这也是在天空颜色的映衬下，以及湖、海岸边绿树的颜色在水面倒映下所形成的不同颜色变幻所致。所以，我们观看湖泊岸边的树木和水景、山石和土壤、大山和树木的颜色，它们总体上比较协调统一。比如，春天的绿色，秋天的黄色，白雪皑皑下所形成的自然界的白色，在大自然中和山石树木掩映下，又会有一些深浅变化。自然界的美景，因为天空、水面、阳光、植物等多种颜色的映衬与调和，形成了非常复杂而又和谐的颜色组合。有时候，天空格外澄净，把远山、雪山、树木、湖泊映衬起来，又形成较为强烈的对比，但这种对比是在自然光的照耀下形成的一种对比，仍然是非常协调的。所以，我们观看自然景色的颜色，既能从统一中看出变化，又能看到其搭配和谐，眼睛看着这些色彩十分舒适，这就是美景。反之，如果色差太大，视觉冲突不和谐，或者浑浊不干净，或者怪异而不类常规，这都不是美的景物。

第四，奇异鲜活之美。

世间不寻常的事物，人们常称之为"稀奇古怪"。人们总有猎奇的心理，喜欢看稀奇古怪的东西。所谓"稀奇古怪"，珍稀、少见，平常很难见到的对象，谓之"稀"（稀少）；与众不同则谓之"奇"；很早就有并一直传承有序的东西则谓之"古"；没有见过的，比较怪异的，则谓之"怪"。无论自然景物，还是生活中的事件，人们在观赏时，如果天天见到、习以为常的东西就不是"稀奇古怪"，也不能带给人强烈的美感。所以，我们常说审美疲劳（麻木）——审美需要有距离。对人们来说，凡从未见过的稀奇古怪的事情（对象），人就一定会产生好奇心理。从未见过的东西往往又是非常少见、珍稀的，一般人都难以见到的东西，人们在观赏时就会倍加珍惜，稀世珍宝、世界名画，人们平常都难以见到，但现在突然有机会能直接观看时就会倍感珍惜；古代曾有，后来人们不曾见过的东西则既"古"又"稀"，人们对远古的事情总是充满了好奇，所以，对稀奇古怪的东西，人们会更有欣赏的动力，会更珍惜欣赏的机会，当然，对欣赏者来讲就更能够产生审美的吸引力。自然景物中我们天天所见到的对象，很多人都会感到麻木而不觉其美。人们为什么向往远方，喜欢去远方旅游？就因为远方有我们从未见过的东西，有稀奇古怪（很少见或难以见到）的对象。如果不走出去看，有些景色可能是我们一生也难得一见的。所以，那些难得见到的就是很珍稀的对象，人们自然就会觉得其美。比如，我们天天所看到的灰蒙蒙的天空谁也不会觉得其美，但是，偶尔才能见到的雨后彩虹，瞬间即逝，我们任何人都觉得彩虹是美的。藏在大山里的珍稀植物、动物、景色，突然看到时都会觉得它美，这也是因为我们一般人都没见过，但生活在山里的人因为大山的阻挡和山路的难行是不会觉得其美的。冬天的雪山不会太稀奇，但夏日的雪山却难得一见，人们也会很有欣赏的兴致。比如，成都周边的海螺沟世纪冰川、贡嘎雪山、高原草甸这些景色，对中原或沿海地区的人们来讲，就非常难得一见；对长期生活在长江中下游平原上的人们来说，三峡造型奇异的山峰，西部高原上的冰川，特别是夏天都能见到的雪山，都是非常珍稀的景色。所以，四川的雪山、高原景点、三峡的深谷奇峰，为世界游客所瞩目和喜欢。因为是绝大多数人不能见到的景色，所以人们会对这些景点非常好奇。就因为难得一见，具有稀奇古怪的特色，才会对欣赏者形成更大的吸引力，具有新鲜感。王安石曾说，自然美景常在于险远之处，也就是因为人迹罕至，一般人都没到过，才会成为人们都喜欢的对象。

第五，象征意义之美。

自然景物虽然没有语言能力，不能成为和人直接交流的对象，但其中也有些元素是能和人间接交流的，比如，动物或有些植物，当人走近或者触摸它后，它会变色变样。绝大部分山水景物与人也是不能直接交流的，但人类在欣赏自然景物时，如果调动自己的思想情感加以想象，或对其倾注个人的喜怒哀乐之情，那么这些自然景物在人的眼里也会变得富有情感，从而增加或减少它的美感。所以，人们在欣赏自然景物时，对这

图3　四川海螺沟风景

些对象倾注情感或感受其象征意义是非常重要的。我们看自然
界的一座座山峰，或者像猛虎之形具有威严感，或者像菩萨一
样具有慈善面相，或者像植物的造型，或者像人类所向往的某
种境界，于是，人们便给这种自然景物赋予一种象征意义。比
如，看一棵树的端立状就像哨兵，在风中摇摆的树就像动物摇
头晃脑地跳舞，或者像俯首迎客的侍者，或者像端坐的道士，
等等。总之，当人们在观赏自然界中的对象时，调动联想，把
它想象成某些人类熟悉的对象或活动，这种对象也就被赋予了
一种特定的象征意义。从而这种对象也就具备了另一种审美意
义，让人在欣赏时产生更多的美感。比如，现代散文中，茅盾

53

所写的《白杨礼赞》，陶铸所写的《松树风格》，在作家笔下，自然界这一排排直立的白杨树或松树，当人们欣赏时，它们不仅具有白杨树、松树本身的美，同时还让人联想到哨兵的威严，或人类本身吃苦耐劳、扎根贫瘠土壤，依然坚毅挺拔并别具风采等美好的品格，于是，对自然景物的欣赏也就使人们睹物思人，额外生出对人类某种美好品格的赞赏，就会对这种对象产生更多的亲切感和美好的感觉，这就是欣赏自然景物让人生出的象征意义之美。在审美理论中，我们也把它叫作"自然的人化"。也就是说，看到自然界某些对象事物，由此联系到人类的活动与行为、思想品格，从而拉近自然和人的距离，把自然与人类活动融为一体进行赏析。这就是自然景物所具有的丰富的内涵之美。

第六，生命活力之美。

人们观看自然界的事物对象，总是喜欢具有生命力的东西。人类对于"生死"，从来都是喜欢生而不喜欢死，为什么？"生"是有生命力，有活力；"死"则是逝去，一去不复返，再也不能见到，此外，死还是苍白、麻木、腐烂腐朽的象征。所以，人类对于生命格外重视与追求，对于死亡都是非常排斥的。对观赏自然风景而言，自然风景本来是没有生命的（如山峰、大河、海洋、夜空或月影），它不像人类或动植物一样存在有限的寿命，但是，由于自然的组成单位有植物、动物，也有流水、转动的日月、飘动的云彩、流动的风和空气，所以，自然界也是有变化、有生命的。从观赏景物而言，我们更喜欢有山、有水、有树木、有动物的环境，而不喜欢毫无生命存在的、完全死气沉沉的荒漠戈壁。静寂的戈壁滩偶尔有小动物的存在，也会让人感觉新奇。人们大都喜欢早晨的旭日东升，是因为新的一天即将开始，众多有生命力的对象即将展开活动，大都不喜欢黑夜，特别是半夜所有人都沉睡以后的环境；人们喜欢热闹的城市风景，而不喜欢荒山野岭，特别是深夜里的荒山野岭，也是因为没有生命活力。我们观看自然界，有鲜活的花草存在，有流动的清泉、溪水和鸣叫的小鸟，这样的环境会很优美；如果没有植物动物的存在，万籁俱寂的环境毫无生命力，这样的环境对人来说也绝不是美的。所以，美好的自然风景应该是具有生命存在的风景，是有生机、有活力，呈现积极向上的意境与精气神。就像人们喜欢充满活力的城市空间，喜欢娱乐场所而不会喜欢乱坟岗一样，因为乱坟岗是死亡的象征，而城市街景、娱乐场所是生命力的象征。人们喜欢春天的野草野花，而不太喜欢冬天百花凋零、冰霜凝结的环境，也是因为春天有生命活力，冬天则万物凋零，没有生命与活力。所以，欣赏自然美景时，生气与活力，积极向上的精神与氛围，是非常重要的审美标准与审美特征。

三、如何开展对自然景观的审美

前述讲到了自然景观美的特征，也列举了诸多人们习惯上

图4　四川甘孜红石公园

都认可的自然美景。生活在当今社会，我们如何开展对自然景观的审美呢？我认为应当注重以下几点，或者从以下几方面入手，去认识我们生活中非常熟悉的景观或者外出游玩时不熟悉的美景。

其一是热爱生活。要对大自然抱着积极的审美态度，主动去欣赏，主动地调动起情感，对生活中的各种对象、各个环节都充满爱意。生活中我们要善于放慢脚步，主动观赏身边的各种景物，而不要完全被生活琐事或工作牵累，要善于充分认识到生活中的一草一木皆有可观、可爱之处。

其二是主动欣赏。要善于以基本的审美知识与能力去欣赏自然景物，要时刻以欣赏的眼光去看待世界。自然界有诸多审美元素和无穷的美景，若干年来它们一直那样自然地呈现展示，它们不会因人类是否欣赏它而存在或消亡，而有其自身的发展演变规律。如果人们不去主动欣赏它，它们对于人类也就意义不大，或者就像一片原始森林一样，如果人类不走近它，永远也不知道它的存在，更不知道它的美与价值所在。所以，要更多地了解自然之美，人们只有主动去发现和欣赏它们。

其三是行万里路，广采博览。多出去走走看看，特别是多做远游，多去发现和体验大自然的神奇瑰丽。人生的活动轨迹是有限的，而自然界的范围可以说是无限的。（除了我们生活的地球是有限的环境，天空之外就是无垠的太空）有限的地球环境对人类来讲也可以说是无限的，因为人类的生命及活动范围始终有限。如果我们不去主动积极地拓展活动空间，不去行万里路，不四面八方到处走走看看，我们所见到的自然环境（景观）永远都是身边那一块很有限，也很小的区域。在今天交通和信息技术已非常发达的情况下，一个人要生活得更精彩，就必须更多地去认识世界，了解世界，才能更好、更多地认识和体验自然景观之美。

其四是珍惜身边的环境。生活中我们身边所见到的景观都是难得的一种缘分。生活时时在变，社会处处在变，要善于用心用情感受身边的自然美景，否则可能稍纵即逝，再也难以留住这个美好的时刻，留下所见到的此刻这一特殊的美景。

第三章

建筑园林之美

一、建筑艺术之美

（一）概说建筑美

建筑是指人类用物质材料——石头、木材、泥土、砖石（现代的建筑材料还包括钢筋混凝土）、陶瓷或动物皮毛等，为自己建造构筑的居住与活动场所。我们生活的世界里，属于建筑（也含构筑物）的种类有很多，除了人们居住的房屋之外，还包括修建的纪念碑（牌坊）、寺庙、塔、桥梁、体育运动场、展览馆，乃至陵墓（地宫）、园林（亭台楼榭）、水闸、堤坝等，都属于建筑的范畴。

建筑的起源是人类为了抵御自然侵害，求得生存和繁衍而创造的居所（活动场所），是人类维持生命与生活的基本需要，也是最为实用的一种技术和产物。人类早期的建筑主要是为了防止野兽的侵袭和大自然气候（如阳光、冰雪、风雨）的袭击，是以求生存安全为目的的。后来，经过人类发展繁衍进程中对自然环境的不断改善，对用于建筑的各类材料性能的探索和建筑技术本领的提升，人类的建筑不断发展进化，其功能也越来越多样化，越来越符合人类安全和审美的需要，因而，建筑从实用技术发展成一门既普及实用又具有审美功能的艺术。

有人说，建筑的首要功能是满足人的需求，而不是作为审美对象。这话不错，但是，因为人类生产力的不断提高，建筑在满足人们使用需求的前提下，逐渐形成和具备了造型的美、色彩的美，从而使其成为一门技术性含量高，艺术审美元素丰富，且符合大众文化认同和心理需求的艺术。今天，各种建筑已成为衡量社会生产力水平的标志，成为社会发展繁荣的象征。我们形容一座城市的繁华和其经济发达程度，经常用"高楼林立、建筑雄伟、鳞次栉比、色彩丰富、灯光灿烂"等词语来描述其先进；而形容一个地方经济落后或生活水平低下，则描述人们居住着低矮的房屋，甚至是茅草屋、简陋的石屋、木屋等这些比较简陋粗糙的建筑。所以，我们今天衡量老百姓的生活水平的高低，也常常以居住的房子是不是大，楼层是不是高，装修是否富丽堂皇为参考依据。由此可见，建筑已成为人们生活质量的显著象征。

在我们的生活中，可以说每时每刻、处处都离不开建筑。不管我们住在家里，还是上课、上学、上班等，都是在各种建筑物里边。我们每天行走在城市里，街道两边都是琳琅满目、各式各样的建筑。毫不夸张地讲，当人们每天眼睛一睁开，所见到的大都是室内、室外各式各样的建筑。建筑成为我们日常生活中目之所及、手之所及、处处皆有的一种对象。当然，美的建筑是具有丰富审美元素的建筑，更是我们生活中时时刻刻观赏审美的对象。作为普通人，我们如何去欣赏建筑？什么样的建筑才是美的建筑？我们怎样去寻求、建造更加富有审美元素的建筑？这些都是值得我们讨论的话题。

首先说说建筑的分类。我们可以根据建筑的使用目的、建筑材料的特性、不同地域民族的建筑风格以及建筑艺术之流派等来划分。

根据建筑使用的目的，我们可以将建筑分为住宅建筑、生产建筑、公共建筑、文化建筑、纪念性建筑、陵寝建筑、宗教建筑等几类。

第一是住宅建筑，也就是人类每天居住、生活的建筑空间，我们的住宅根据其使用目的与功能，还可细分为客厅、厨房、卧室、厕所、书房、娱乐室等。第二是生产建筑，是专门用于生产制造使用的房屋空间，比如，工厂厂房、车间、货物储藏间等。第三是公共建筑，是指面向所有人开放、使用、参观或活动、休息的建筑空间，比如，车站售票厅、休息大厅、图书馆、大型超市、酒店大堂、大型食堂、公园长廊、公共厕所等。第四是文化建筑，比如，专门陈列文物古董的博物馆、展览馆，公共艺术交流空间、艺术展示与创作空间等。第五是纪念性建筑，比如，英雄纪念碑，也包括陵寝建筑、陵墓地宫等。第六是宗教建筑，如寺庙、道观、塔林、牌坊等。它们各有其使用目的，因而在其空间的安排、设施陈列等方面，都需要专门设置。这都是根据其使用目的来进行设置和区分的。

根据建筑材料的不同特性来划分，建筑可分为木结构建筑（主要以木材为建筑材料，如中国古代早期的建筑、各类寺庙房屋都主要是木质结构）、砖石结构建筑（用石材或专门制作的砖来修筑的建筑）、钢筋水泥建筑、钢木建筑和现代新型材料建筑等。

如果从其所在的不同民族、不同地域来划分，也有不同风格。从民族地域或不同国家来进行区分，如中国式建筑、日本式建筑、俄罗斯建筑、法兰西建筑、伊斯兰建筑、意大利建筑等。可以说，每个国家的建筑造型风格都是多种多样的。

如果从时代风格角度来划分，则可以分为古希腊风格、古罗马风格，哥特式、巴洛克、古典主义风格等。包括中国传统建筑也可以按时代风格分为唐代建筑、汉代建筑、明清建筑等。

如果从建筑艺术流派的角度来划分，就更是多种多样。尤其是近现代以来，建筑作为一门独立的艺术，出现了专门从事建筑业的建筑设计师、建筑施工人员、质检人员等工作人群，他们所设计、构造的不同类型的建筑，都带有独特的审美风格。比如，第二次世界大战以后，西方建筑界就有历史主义、野性主义、象征主义、新古典主义、有机建筑等流派风格，不胜枚举。

所以，关于建筑的分类，如果划分标准不同，其范围呈现也就不同。古往今来，根据不同划分标准，建筑可以分成若干种类，不可详尽。

（二）建筑的发展历程

人类的建筑历史已经走过了数千年的历程。以中国为例，现存历史文献上记载的中国古老建筑，大体发端于距今8000多年的新石器时代。那时候，人们就开始按照自己的需求和社会关系的需要来构建具有特定功能与造型特色的建筑。比如，村落就是若干有一定血缘关系的人们聚集在一起，但又有各自独立的房屋，形成的一个个建筑群。考古学家在仰韶文化、龙山文化、河姆渡文化遗址中就曾发现一些木骨泥墙、木结构榫卯、地面式建筑、干栏式建筑等建筑技术和样式，证明了中华民族具有悠久的建筑历史。其后中国各朝代如夏、商、周时期，春秋战国时期，魏晋南北朝时期，唐、宋、元、明、清等不同时期都有不同的建筑样式。总体来看，中国历史上大约在西周和春秋战国时期，中国古代建筑体系就已初步成型。周代的建筑城池布局对称严谨，此后历代建筑群布局也基本上遵从周代制度体系。各朝代统治者建有专门的宫殿、坛庙、陵墓、官署、监狱、官员住房等，普通老百姓也都建有自己的民居和生产作坊。官府建筑追求华美壮观，普通百姓建筑则追求经济实用，都形成了各自的体例。特别是官方建筑，因为大多是举国家之力来建设，国家财力雄厚，同时又代表着统治阶级权力，因此建筑往往强调豪华壮观、高大气派、精致奢华。从周秦到汉魏晋隋唐时代，历代宫殿建筑往往都规模宏大。最著名的当数秦代阿房宫，气势恢宏，规模空前，"覆压三百余里，隔离天日""五步一楼，十步一阁；廊腰缦回，檐牙高啄；各抱地势，钩心斗角"。从《阿房宫赋》里所描写的这些字句，我们就可以回想秦代建筑规模是何等宏大，制作何等精华，技术何等高超。汉唐以来，皇宫大内建筑同样都规模宏大。凡宫廷建筑大量使用成组夸张的斗拱、舒展如翼的屋宇、精美的雕塑与壁画，使宫廷建筑呈现出十分奢华精致的特色。当然，经过几千年发展和锤炼，宋元明清时期，中国的建筑更加趋于精致，在制造技术上也更加成熟。今天的北京故宫建筑群就是历经明清两代不断修葺而保留下来的，清代时达到极致。从今天尚存的遍布在全国各地的古代建筑看，我们可以感受到中国古代建筑技术的高超。鸦片战争以后，中国步入了半殖民地半封建社会，西方文化和技术的传入，使中国的建筑艺术开始走向中西融合。19世纪中期以后，中国近代建筑形成了一股以模仿或者照搬西洋建筑为特色的潮流。大量西式建筑出现在各大城市中，最典型的就是上海外滩系列建筑：上海海关、汇丰银行、国际饭店等。西式建筑在中国流行，20世纪20年代以后，又形成了以模仿中国古代建筑，并对其进行加工改造为特征的另一股潮流——民族形式的建筑呈现出更加活跃的态势。比如，南京中山陵、中央博物院、北京大学的建筑等，都体现了复古的特色。中国近代建筑从 20 世纪 20 年代进入重要发展时期，各地中西结合的建筑不断出现，建筑作为一门艺术开始蔚然成风，同时也作为一门技术（专业）在各类学堂里专门开设。近代我国大学兴起以后，建筑成为一个专业，无数中国建筑师由此成长起来，一批批建筑团体也先后成立，并涌现出了一批名家大师。在他们的设计下，中西结合，融中与西、古与今、新与旧，多种体系并存，使中国建筑更加繁华多样。近几十年来，建筑材料、建筑技术不断革新，中国各大城市开始高楼林立，数十层、数百米高的摩天大楼不断拔地而起，极大地改变了中国传统建筑样式，使中国建筑完全融入世界建筑艺术体系之中。

西方建筑亦经过了几千年的发展历史。从早期以金字塔、狮身人面像为代表的古典建筑（古希腊建筑）到中世纪建筑、近现代建筑都留下了辉煌灿烂的各时代杰作。特别是作为古希腊建筑代表的"多立克柱式"和"爱奥尼亚柱式"成了西方建筑史上的经典范例并广泛流传至今。古罗马继承了古希腊晚期建筑成就，在建筑材料、结构技术、艺术造型和形制规范方面都取得了辉煌成就。特别是后来利用混凝土在建筑结构上创造的拱圈式结构，使建筑类型有了新的发展，大型斗兽竞技场、剧场、体育场、神庙、凯旋门、城市广场、公共浴场、宫殿、陵墓等一些经典建筑相继产生并传世，西方的建筑技术不断传向世界各地，不断刷新世界建筑史。欧洲中世纪以后，建筑发展与政治体制、思想意识开始结合。以代表宗教教化功用的教堂建筑发展起来，古罗马东正教教堂发展成拜占庭建筑样式，成为欧洲中世纪的代表性建筑。巴黎圣母院、索菲亚大教堂，一批享誉世界的经典建筑落成。资本主义萌芽以后，西方建筑艺术经历了从艺术复兴到巴洛克、洛可可等阶段的演进。在城市建筑方面也取得了辉煌的成就。代表性建筑如法国凯旋门、巴黎歌剧院都堪称富丽堂皇建筑之代表。近代以后，社会出现更快发展变革的趋势，新技术、新材料、新功能不断地取得更大的进步。建筑设计思潮也出现了大的转变，特别是钢材水泥的大量运用，使房屋建筑质量出现了飞跃发展。钢架结构、高达数百米的建筑不断矗立于世界各地，各种大型体育馆、展览馆、飞机场频繁建成且规模宏大，尤其是桥梁建筑的跨度、高层建筑的高度都在不断地刷新纪录，使建筑技术呈现出日新月异的特点。

（三）建筑的艺术语言和表现形式

生活中，我们天天与各式各样的建筑打交道，很多人都只注重建筑的实用性（使用价值），而没有注意到建筑所具有的艺术性。实际上，建筑既是一门直接服务于人类生活的实用物质，具有重要的实用价值，又是一门审美的艺术。在西方艺术体系中，建筑很早就作为一门独特的艺术被人们认识、体验和欣赏，而中国传统社会以及普通老百姓对于建筑所具有的艺术性的认识还远远不够。面对生活中各式各样的建筑，绝大部分普通老百姓只把它看作一栋栋房子，是供人们居住生活或生产、活动的场所，而没有把它作为一门审美的艺术进行欣赏。

建筑之所以很早就被西方人认同为一门艺术，是因为它和其他艺术一样，都具有自身丰富的艺术语言和特别的形式之美。

我们先谈谈建筑的艺术语言。任何一门艺术都有其赖以表达艺术之美的手段，这就是艺术语言。建筑艺术的表现手段（艺术语言）主要是通过其独特的外形造型、外部轮廓线条、内部各种空间的营造，以及从外到内所具有的特殊材料质感、颜色及其与周围环境的搭配，甚至在不同光线（自然光和人工配置的灯光映衬）下呈现的不同状态（现代建筑中大都有灯饰工程，这种灯饰就是建筑的光环境），还有装饰手段——不同材料的质感等，共同构成了建筑作为一门艺术的艺术语言。

建筑具有七方面的艺术语言——形体与线条、空间、色彩、质感、装饰、环境、光线。我们在欣赏建筑艺术时，主要是从这七个方面去进行体验和欣赏。

第一是形体与线条。

古今中外各种建筑都有它独特的外部形体构造，比如，中国传统建筑四合院的外形，其三角形房顶斜坡、翘起的飞檐，屋檐口的瓦当；西方建筑中形成的拱顶、门柱样式都具有十分丰富的形态之美。今天我们走在大街小巷里所看到的各式各样建筑，其形状有的为方形，有的呈圆形；建筑外部轮廓有垂直的，有水平的，有弯曲的，也有笔直简洁的。特别是现代建筑中多采用丰富的外部造型，使一栋栋建筑都具有不同特色的、组合多变的几何形体。这些几何形体都具有丰富的造型之美。比如，古埃及的金字塔、北京天安门城楼、香港中环大厦和中银大厦的外部造型等都非常特殊。又如，北方草原的蒙古包、南方的吊脚楼、西方教堂等，这些造型也都有非常独特的美感。

第二是空间。

有人说"空间是建筑的一切"，此说不免绝对，但也很有道理。人们建造一栋房子，其目的就是营造、构建出不同的空间来满足自己生活中的实际需要。比如，老百姓普通住宅的卧室往往都只有 10 多平方米，因为只是供个人居住休息，空间只需要这么大；而大礼堂、室内体育场、会议厅、教堂、展览馆等这些内部空间就比较大，这也是因为它们是多人活动的公共空间，需要同时容纳很多人活动。建筑中有的是多人行走的通道，有的是休息瞭望的阳台，有的是需要隐藏的厕所，这些建筑功能不同，其空间布局也就不同。普通百姓住宅的厨房空间和客厅空间也不一样，其面积大小一方面要满足人们的实际需要，另一方面也需要呈现出特有的美感。比如，高大的教堂、公共礼堂、展览馆、会议厅等建筑，给人以宽敞明亮、豪华气派的感觉；而普通人家的卧室、厕所这些空间大多面积小而设置朴实，门窗窗户也较小，光线稍微昏暗更有利于休息和隐蔽。这都是因为要符合人们的使用需要，当然也展示了不同的美感。

第三是色彩。

建筑色彩具有装饰、象征、标志等功能，各种功能不同、地域不同的建筑，在色彩选择和搭配上也体现出不同的要求。比如，文化建筑就要求色彩淡雅或与众不同；生产建筑或办公建筑则往往要体现出宽敞明亮、色彩简洁，有利于高效率工作的氛围，多选择白色、浅灰色等；居住用的建筑多采用高明度、低色彩度，或者偏暖的颜色；工业建筑所体现的色彩往往简洁明快；体育建筑为了表现体育场这种运动与活泼之感，色彩或更加鲜艳一些。总之，建筑中不同的色彩可以体现出不同的环境，体现出不同的功能需求。在建筑外形搭配上，地域民族或文化背景不同，色彩选择上也多有不同。比如，有的民族喜欢黄色，有的喜欢深红色，有的喜欢绿色，有的喜欢灰色。可以通过不同色彩来展示建筑外表的美。

第四是质感。

所谓质感是指不同的建筑材料给人带来的不同感觉。比如，建筑中的玻璃幕墙给人的感觉简洁明了，木纹地砖或木质的家具、墙壁等则展示出木质特有的温暖感。现代建筑中，材料技术的提升与推进，使可用于建筑的材料种类众多。不同的材料带给人的感受不同，有的显得温暖，有的呈现出淡雅，有的简洁，有的活泼热烈，它们共同构成了建筑材料丰富的美感。

第五是装饰。

装饰是建筑物的有机组成部分，也是提升建筑质量和改善空间环境的必要手段。现代建筑中几乎所有的建筑都有最后装饰这个环节，通过形成不同的装饰效果，使建筑物无论是外表还是内在，都展示出新颖而特别的艺术性。比如，教堂中的雕塑、壁画，普通住宅或公用会议室里悬挂的绘画，敷设墙纸，增加灯饰，摆放各种风格（功能）的家具，安装窗帘等，共同对建筑物进行装点而形成美的装饰效果。

第六是环境。

一个优秀的建筑师在设计时都会充分考虑建筑与环境的搭配，一件成功的建筑作品也需要有特别的环境加以陪衬。很多建筑名师在建筑环境营造上都要充分考虑观赏的需求。或者把它打造成绿树成荫、小桥流水的状态，追求山林自然之美；或者修筑长廊，曲径通幽，形成柳暗花明之态；或者在建筑物旁配上不同植物以体现不同地域特色之美。比如，栽上热带植物，营造南国风情；栽上北方的银杏、胡杨树或沙漠常见的耐旱植物，以体现北国风光。总之，一座好的建筑需要有相应的环境搭配相互映衬。现代建筑师在营造建筑物时，环境设计是很重要的环节和美化途径。同样一间房屋，周围有无绿色植物装饰，其效果是迥异的。好的环境装饰会使建筑本身锦上添花，形成特殊的氛围和美感。

第七是光线。

建筑设计中对光的要求和配置也非常重要。前面说过，不同功能的建筑物对光线要求不同，公共建筑、运动场所需要光线明亮；个人私密空间如卧室、储藏间，就不需要太明亮的光，因为，太过明亮的光线反而不利于人们休息。比如，教堂建筑中，古罗马的万神殿要造出穹顶，让阳光从穹顶的圆形开敞处射进来，照亮室内的神像，使神像具有光芒；哥特式教堂中，光线从彩色玻璃穿透室内，增加了一种幻觉感，更增加了一种宗教的神秘氛围。

前述这几方面元素是建筑成为艺术的必要因素。建筑作为一门造型艺术，其形式美（外表形态的美）也非常重要。不同的形式、形状搭配组合所产生的审美效果会更加丰富多样。在建筑中，通过不同的造型或通过其规律的变化排列，可以形成如音乐般的韵律感和节奏感。比如，北京长安街两边的建筑高低大小各异，造型很有特色；上海外滩伫立在黄浦江边的建筑高高低低，争奇斗艳，造型各异。我们在欣赏这一排排形状各异的建筑时，有的雄伟大气，有的小巧玲珑，有的笔直挺括，有的曲折蜿蜒，犹如音乐里的重音、高音和低音变化一样，很有节奏感。特别是各种建筑有规律排列，会让人感受到强烈的韵律感与节奏之美。有人说"建筑是凝固的音乐"，很有道理。

建筑的外形大小高低和音乐的音调高低长短，有异曲同工之妙。建筑造型具有特殊的长宽高、比例与尺度变化。建筑布局上，有的强调以中心点向外辐射，有的呈弧线分布、圆形分布或对称分布，这些有规律的变化，都具有特别的形式之美。通过建筑布局的比例协调与尺度变化，对称与均衡的形式变化，多样性与统一性的有机组合，展示出建筑艺术所特有的韵律节奏之美，以及多样变化与统一协调之美。

（四）建筑艺术的审美特征

和其他艺术一样，建筑作为一门艺术自然具有它美的理由，我们把它称为美学特征或审美特征。建筑艺术的美主要表现在四个方面。

第一，实用性的美。

我们前面在谈"美"字的含义时曾说到过"羊大为美"，古人认为羊大就具有美感，这是从食用角度去评价的。食用肥羊比食用瘦小的羊更具有美感（舒适感），这是从实用性去评判的。建筑首先是一门具有实用性的艺术，任何一座被人们认为是美的建筑（或好的建筑），它必须首先满足人们的实用需求，居住起来舒适，同时又能够长久维持下去。一座房子建起来如果不能经久耐用，过几天或几年很快就受到自然风雨侵蚀而烂掉，那这样的建筑对人类来说其意义价值就不大。好的建筑都应该是数十年或数百年经久不衰，才能够长久地满足人们的使用需求，才能够真正防寒避暑，防御毒虫猛兽的攻击，给人以安全感。这些都需要建筑具有坚实稳固、经久耐用的特性。好的建筑首先是实用的、坚固的，同时还必须具有美感。所以建筑艺术首要的审美特征就是"实用、坚固、美观"三位一体，只有兼具实用与审美功能，才能更好地满足人们的多种需要。

第二，空间与实体的对立统一，具有美的象征性。

建筑属于造型艺术，它以特殊的物质材料和形体、空间显示其结构形态的美。这种结构形态美，和人们的审美习惯与追求，以及时代精神是相关的。一座好的建筑必须符合一个时代人们的审美标准与习俗，而一个时代的审美习俗又必须具有一定的时代精神与文化特色。比如，一个时代或一个地区的标志性建筑往往会选取这一地区的区域文化特色、文化内涵，或这一时代人们追求的某种精神、某种美好形象来进行设计。因此建筑师在建筑空间与实体外形的设计上，大多会结合其地域文化内涵或时代审美追求来思考。一些地方标志性建筑，有的看着像某一种地方特有动物的造型，有的看着像一本书，有的像一个特色产品。比如，食品类企业的建筑形象往往就暗示特色食品，如牛奶瓶、酒瓶、食物。成都金融城的两栋标志性建筑，犹如两张人民币卷起来的形状；新希望集团主要生产牛奶、饲料等，所以房屋造型就像两个巨大的牛奶瓶矗立在三环路边；北京奥运场馆中的游泳馆——水立方，场馆外形就像由很多水泡组成；等等。现代著名建筑家梁思成曾说："建筑虽然也反映生活，却不能再现生活。绘画、雕塑、戏剧、舞蹈能够表达它赞成什么、反对什么。建筑就很难做到这一点，建筑虽然也能引起人们的情感反应，但它只能表达一种气氛，或庄严雄伟，或明朗轻快，或神秘恐怖，等等。"①建筑艺术可以通过象征的表现手法造成一种意境，引起人们联想。所以古今中外的经典建筑在设计上都通过象征使人联想到其特定含义。比如，北京天坛的祈年殿，在最上一层分布的四根柱子是象征一年四季"春夏秋冬"；中间一层则分布着 12 根柱子，称为金柱，象征一年之中的 12 个月份。在古埃及，7 和 12 这两个数字也经常出现在建筑上，因为 7 是行星的数目，12 是月份的数目和尼罗河水位达到农业丰产所需要的水位度数。这些数目都是神圣的，具有深刻的象征意义，所以在建筑中要有所体现。建筑设计中，建筑师通常以一系列手法把室内外不同空间按照一定的艺术构思串联起来，暗示某种事物对象或寓意，这都是建筑审美中象征性的体现。

第三，以直观的形象反映社会和时代特征。

建筑受到固定的地点限制，需要与周围环境互相配合，才会有特定的形式感和整体氛围。比如，埃及的金字塔放置在广阔无垠的沙漠中，才有这种永恒矗立的品格，而如果把它放在中国的江南水乡，其雄伟的气势将会顿失。中国很多名山中的

---

① 陶瑞峰. 美的鉴赏 [M]. 长春：吉林大学出版社，2014：89.

图5 北京天坛祈年殿

寺院，如峨眉山、九华山、青城山里面的寺院，必须建在峰回路转、青松翠竹掩映下，才能构成这种优雅、清净的世外境界；如果把寺庙放到繁华闹市中，就很难有这种神秘脱俗的宗教意境了。古希腊雅典卫城建立在形势险要的岩岛上，岩岛面临大海，地势高耸，背景为蓝天，在这样的环境中才更能显出雅典卫城的雄伟、威严；如果把它放在深山丛林中，就没有这种高大、伟岸、严谨、壮观的气势了。悉尼歌剧院，它坐落在低矮的海湾地势，建筑师把它设计成一片片贝壳重叠的形象，和大海互相映衬，既像是贝壳，又像是一组迎风扬帆的船队，其建筑形象格外优美，也和大海的环境非常搭配；如果不是大海与它相映衬，悉尼歌剧院同样会显得不伦不类。所以，建筑与特定环境相映衬并进行表现，也是其重要的审美特征之一。

图6　悉尼歌剧院

第四，具有与音乐相通，与绘画相似的优美的节奏与丰富的造型。

在建筑艺术中，艺术家通过运用形式美法则，通过建筑自身的长短、宽窄、高低、厚薄、直曲、大小等关系，反映出造型的变化和形式之美。建筑各部分通过对称、均衡，或者说打破均衡，形成呼应，确定主次，强调对比等方法，形成特有的变化。而和谐的风格就犹如音乐和声一般，有丰富的旋律感和强烈的节奏感。所以，许多美学家把建筑称为"凝固的音乐"，这种比喻非常贴切。梁思成曾经分析建筑中所体现的节奏感，他说："一柱一窗地排列下去，就像柱、窗、柱、窗的2/4拍子。若是一柱二窗的排列法，就有点像柱、窗、窗，柱、窗、窗的圆舞曲。"这些比喻都非常贴切。中国古代建筑，比如，深山中的寺庙，周围小桥流水，林木参天，曲径通幽，别有洞天；寺庙建筑屋顶高耸的飞檐和周围连绵不断的云墙，都给人以特别的韵律感和节奏感。所以建筑与音乐、绘画、雕塑等各门艺术都有紧密的联系。它虽然是实用的房屋，但却具有音乐般的节奏、绘画的色彩、雕塑的造型，有很丰富的艺术特征。我们在欣赏建筑艺术时就可以通过和其他姊妹艺术类比，从而发现建筑艺术所具有的丰富的美感。

二、园林艺术之美

（一）概述

本章我们虽然把建筑与园林艺术合为一章来叙述，实际上二者是有区别的。从广义角度而言，园林也可归属于建筑艺术，但是园林更注重审美观赏功能，是满足人们休息游玩、审美之需要的。而建筑艺术，就我们前面所指的各种房屋、活动场所等，主要是实用之物。二者虽同属一大类，但却有所不同。园林在中国古籍里根据其性质和功能的不同，也称作园、囿、苑、园亭、庭园、园池、山池、别业、山庄等，类别多，名称亦有不同。我们这里所讲的园林，是指园林艺术，它主要是供人们休息、游玩、娱乐、欣赏之用的。具体来讲，它是指人们根据一定的地域环境，运用工程技术和艺术美化手段，通过对地形的改造，人工制作成假山、池塘，并栽植不同的植物，人为地创造出犹如大自然所具有的环境形态：山石、湖泊、飞泉流瀑等。也可以说园林是人工对自然的改造，而又追求、模仿自然界的美景所形成的人工产物。严格来讲，园林之功能主要是满足人们精神享受，是人们游玩休憩的场所，它是人类社会发展到一定阶段的产物。前面说的建筑，是人类为了生存的需要而修建，而园林则是人们为了审美的需要而修建。所以建筑、园林二者，实际上园林具有更多的艺术化成分。社会越是发达，人们的物质生产与消费水平越高，园林的需求性就越突出。

世界园林经过几千年发展，大致可以分为三大体系：一是以中国古典园林为代表的东方自然山水园林；二是以法国、意大利古典园林为代表的西方几何图案式园林；三是以古巴比伦、波斯古典园林为代表的建在十字形道路交叉处，以水池、喷泉为中心的阿拉伯园林。三大体系中，中国园林崇尚自然之美，模仿自然山水；西方园林强调几何图案之美，更注重人工的修饰性、整齐性；古巴比伦园林、阿拉伯园林重视对水的利用。这些都是由不同地域文化、习俗使然。中国园林的构造注重模仿自然界，但又高于自然界。设计师按照中国传统习惯的审美标准来营造一种新的自然，其布局以自然变化为主，追求自然之美。中国园林几乎由水池、假山、花草树木、小桥流水、亭台楼阁几方面元素组成。但是在不同地域，因地理条件的不同，园林设计布局乃至风格气派上又有所不同。比如，中国园林中，北方主要是以皇家园林为主，像颐和园、圆明园是皇家园林，体现国家气象，无论是建筑里面的各类装饰，还是其占地面积，都体现出较为宏大的特色。而南方园林主要是以私家园林为代表。私家园林在财力和选址面积方面都受到约束，它不像北方皇家园林那样宽阔宏大，而更为小巧玲珑，体现出小而精的特点。南方园林虽然小，但是景点类型却很多，比如，苏州拙政园、狮子林就是代表。中国园林主要体现诗情画意，人们在欣赏园林时，总是喜欢把园林的布景与个人情绪相结合，强调曲径通幽，强调含蓄的美。欧洲园林崇尚秩序之美，在形体上大多呈几何形，以中轴线对称形式规则来进行布置，强调秩序之美。所以，欧洲园林中大都在格局上体现出几何形的中轴线对称形式。虽然欧洲园林也比较讲究水景，但其水池几乎是几何形的，人工雕琢痕迹非常重。甚至西方园林中还将树木、植物有意识地修剪成规则的几何形状。比如，我们现在看到的有些街边花园，园艺师把一些茂密的灌木修剪成长方形、正方形、圆形、三角形等几何形体，有的还有意识地把一棵树弄成球状或标准的形状，这都是西方园林的特点。西方园林注重写实、理性，与中国园林不同，其布局往往开阔宏大，一览无余。阿拉伯园林，由于阿拉伯地区历来多为干旱的环境，人们在园林建筑上，往往采用小巧的封闭空间，在围墙内广植花木，四周则以建筑围合，园林小巧，造园时多用纵轴线作为分区，形成田字形规则，并在十字路交叉处设以中心喷水池。强调对水的运用，这也是阿拉伯地区的地理环境使然。其他还有一些不同国家地域的园林特点，这里就不一一赘述了。

（二）园林审美的创造性表现

园林作为一种人工雕琢的自然景观，从头到尾都是人工设计，人工制作，人工修缮，每一个环节都体现了人工匠意。园林之美，虽然一方面需要由自然界的红花绿草、湖泊山石去表现；但另一方面，它完全是按照人类的审美要求来进行造景和布局建设的。所以，园林在其制作中具有强调立意、注重选址、巧妙布局和巧妙利用环境等特点。设计师将通过巧妙选址、借景，使用雕塑，增加亭台楼阁和牌匾对联等建筑形式来丰富其文化雅趣。无论是中国园林还是西方园林，在对美的创造方面，都需要通过立意、选址、布局、造景、借景、增加雕塑牌匾等手段来共同营造园林之美。

第一是立意。每一个（处）园林所追求的审美目的都有所不同。特别是造园的主人喜好什么风格，追求什么美感，在园林建造中就会体现出不同的主题和意趣，这是建造园林的首要环节。具体建成一个什么样的园林，表达什么样的审美意识，这也是园林设计的命脉所在。比如，有的园林强调以水景为主，有的强调以林木之美为主，有的强调以观赏花草为主，也有的强调人文氛围，以具有琴棋书画格调为主。不同的园林由于造园主题不同，在具体的布置方面也就会有诸多的不同。比如，苏州的网师园，其主旨就在于"网师"二字，网师也就是渔翁之意，所以网师园的园林趣味主要体现在渔翁所特有的氛围上。在环境布置时也就有渔樵耕读、琴棋书画这样的意境。又如，扬州的个园以竹为主题，其旨在突出"竹子"的"虚怀""高节"（高洁）等品格。任何一个园林的成败，立意是关键。立意到底要表现什么样的内涵，这就决定了园子将要造成什么样子。

图 7 苏州园林网师园

第二是选址。园林选址要根据自然界原有的地形进行改造，因势利导，则造园方便而效果明显。比如，以山石为主体的园林多建筑在有山有石的地方，如果没有山、石等材料则需要花大力气从其他地方运入。如果是以水为主题的园林，水源就是设计师要考虑的首要因素，其选址往往在有水的地方或低洼地带，容易把水引进来。在山顶上建园林就不可能建成以水景为主。所以，建园林选址时应该首先考虑周围的环境，因地制宜来建造。

第三是布局。所谓布局，是指景物的空间组织形式。也就是说，园林设计师要根据园林的总体规划进行，安排哪些地方挖成水池，哪些地方堆砌假山，哪些地方种植花草，这都需要设计师根据园林总体规划进行布局。

第四是造景。园林设计中，设计师通过人工手段，利用环境条件和构成园林的各种要素，建造所需要的景观，如堆砌假山、挖湖、构筑亭台楼宇，这都是人工制造的景色，也是园林建造的主要手段。

第五是借景。所谓"借景"，是指设计时有意识地把园外的景物"借"到园内视角范围中来。这是中国园林建造时很常见的传统手法。一座园林本身的面积和空间都是有限的，为了使园林具有更加丰富的观感和游赏的内容，设计师将运用各种手法，迂回曲折、巧妙地借用园子外的景色供游园人观瞻。比如，在围墙上开窗，或者建高台，使游园者能够欣赏到园子外更加开阔丰富的美景，使小小的园子容纳了周围的美景，这就称为借景。比如，岳阳楼靠近洞庭湖，却建在临湖的园林里，游人登上高楼瞭望，八百里浩瀚的洞庭湖水尽收眼底；颐和园通过围墙上开窗，把园子外的建筑、山石景色纳进来，成为园子的一个有机组成部分，这都是借景的方法。

此外，园林还要通过一些雕塑、牌坊、碑刻等来营造特定的审美氛围。比如，很多园林常使用一些纪念性雕塑、主题性雕塑，古代名人、神仙高士、威严的或祥和的动物雕像放在园子中，既是优美的雕塑艺术品，又是庭院的组成部分。一些帝王陵墓前，通过一排一排石人石兽列队，增加中轴线的气势，同时也丰富了园林的内容。所以，一般园林中，特别是中国园林中大都会有一些纪念性、主题性雕塑，以此丰富园林的意趣氛围。中国园林中还常有一些牌坊、石碑以及亭台楼阁中置放对联、书法作品，通过书法家的笔（及文辞内容）来描写本地所有的文化内涵和自然风光，让游人在欣赏园林自然风光时，再借助于欣赏中国传统的对联与书法的形式，欣赏领略园林所具有的丰富内涵。既有自然美景实物可进行观瞻，又有经典的文学内容以供品味，营造出更加丰富的美感。

（三）园林艺术的审美特征

前面已讲到，园林是专门供人们休闲娱乐欣赏的一种环境艺术，是人类对环境依照自然美的特征进行改造加工的一种人工美。设计师根据人们对空间（功能）的需要和观赏的需要进行改造，并赋予其特殊的文化含义。园林艺术之美可以归纳为四方面美的特征。

第一，园林艺术是自然美与艺术美的有机融合。因为园林是以模拟自然山水为目的，并把自然美作为一种审美追求的标

图 8　苏州博物馆

准，同时又经过了人工改造的环境，所以在人工改造时，设计师将运用艺术美的法则，把艺术美与自然之美进行有机融合，使之成为一种综合的艺术美。园林艺术既源于自然之美，同时又高于一般的自然景观，是大自然造化的一种美的再现。它既属于人工的造景，也是对自然美的一种再现，所以融合了自然与艺术两者之美。

第二，园林艺术有特定的意境美。园林在营造中将根据建造者的审美追求（当然还要考虑到欣赏者的喜好）进行改造。园林设计师在设计时综合各方面元素来表达一种特殊的情景，从而使游玩者从中感受到特定的自然之美、丰富的诗情画意、情景交融的境界。所以，古今中外的园林建造无不讲究特定意境的营造。每一个特殊的园林都有其自身的意境美。就如苏州的网师园反映的是渔翁所追求的自然乐趣，扬州的个园是反映文人爱竹、追求对竹的审美欣赏（因为竹叶在绘画时呈"个"字形态）而建造的园林一样。此外，杭州西湖所呈现出的"平湖秋月""断桥残雪"之景，长沙岳麓山的"杜鹃遍野""漫山红叶"等景致，也都只有在特定的情况下才能够观赏到，同时也具有丰富的情景之美。

第三，园林艺术有独特的空间美。园林和建筑在空间布置方面还有些不同，建筑是专为人们居住、活动而建造，园林则主要是供人们游玩的处所。所以，园林艺术让观赏者可行、可望、可游、可居，尤其是以观望为主要特色。园林在建造时，为了追求更丰富的美景，设计师将采用借景、造景等手法让有限的空间创造出无限丰富的远景，形成以小见大的艺术效果，这都是园林艺术所呈现出的独特的空间之美。特别是我们在游园时，随着一步一步行进，景随步移，一步一景，还将会使人具有更加丰富、可变的空间审美享受。

第四，园林艺术有"言有尽而意无穷"的含蓄美。园林艺术与其他艺术一样，通过象征、比喻、借景、造景等手段，欣赏者可以通过联想、观望、类比、通感等形象功能，观赏到特有的园林之美，联系起园林所具有的特定的人文性、特定的象征美好之景物，从而使观者产生更加丰富的审美享受。一些构思巧妙的园林佳境，游人在其中观赏时也会产生"曲径通幽"

"柳暗花明又一村"的这种景色之趣。所以，在园林审美鉴赏中，讲究"隐秀""曲致"，曲径通幽，是园林所特有的美的表达方式。

三、如何开展对建筑园林的审美

建筑园林首先是一种实用的物质，是供人们生活栖息的一种物质环境。要充分认识和发掘建筑园林之美，从以下几方面着手。

第一，要以艺术的眼光去看待建筑园林。要充分认识到它是一门古老而悠久的艺术，是无数代人智慧的结晶，也是人们心灵情感的寄托。我们首先要从内心唤起对建筑园林作为一门艺术的重视，才能重新去打量和认识到生活中各种建筑园林的美。既然它是一门艺术，那么必然有它作为艺术的审美元素和审美特征（这一点前文已论述），以及它作为艺术被人们欣赏的价值所在。当我们认识到建筑园林是一门艺术后，再去看它的造型、材料、色彩，看它的制作技术等方方面面，我们会觉得它已经不只是一栋作为实用居住或活动于其间的房子、一处仅供人游玩的地方（园林），而是会不断认识和发现它的各种美的元素、美的表现，和它作为集实用与艺术于一身的审美对象的价值所在，感受到建筑园林所具备的丰富的艺术美。

第二，要懂得建筑园林的基本知识。特别是建筑园林作为一门艺术，要懂得建筑师是如何进行布局、选址、选材，如何进行立意和空间营造，如何运用各种巧妙而精湛的技术来进行构造以及与自然界融合的。只有懂得了建筑园林的基本知识，懂得了它们的技法、技术和开展设计构造（建造）的原理，我们才能够从其基本的艺术审美法则角度去重新审视它们，才能够更多地体会到建筑园林所具有的艺术性，才能够更多地欣赏和发现它的艺术美。

第三，用心体验生活中的各种建筑园林，充分享受由它们所带给人类的实用性、安全性和生活的舒适性。建筑园林是人类智慧的结晶，是我们的祖先经过若干代探索以后，为人类自身所提供的一种生存、生活与发展的物质条件。经过若干年（或若干代人）的发展，它们的功能非常实用而全面，甚至有的功能是我们后世人一下子还不能完全感受和发现到的，不能发现古人营造这种建筑或园林的匠心所在。它们的审美价值也不是我们一般人简单直白一下子就能全面认识和感受到的。所以，生活在当今世界，我们身边有若干功能齐全完备、造型优美、技术优良、色彩和谐，既能让人从视觉上感受到美，又能让人生活栖居于其间感受到方便舒适的建筑与园林环境。我们应当珍惜这一宝贵机会，用心体验和感受生活中各种优美的建筑园林，用心去享受由各种建筑园林艺术（也可以说是人类前辈祖先们留下的智慧遗产）所带给人的身心满足和舒适感，从而才能更好地感受到各种建筑园林之美。

第四章

服饰器用之美

一、人类生活中的服饰器用

"衣食住行"是人们日常生活必不可少的内容。这里为什么把"衣"摆在首位？我认为，"穿衣"对于人类有着很重要的作用与意义：御寒、遮羞、求美。特别是其中"求美"的功能是人类追求文明，区别于动物的一个显著标志。因为，"食、住、行"对人类和动物来说，都同样重要——为了生存，延续生命，就需要"食"和"住"。人类有一日三餐，需要不断进食才能补充能量维持生命；要防寒和躲避野兽及自然灾害，避免风吹日晒，就需要住所。所有动物都要延续生命，也都必须不断进食，几乎所有动物也都有巢穴以栖身。动物为了觅食和繁衍，也需要经常行走在自然界中以及和同类交流。唯有"衣"（穿着衣服）是人类的需要，而动物不需要，为什么？人类进入了文明社会，追求美和遮羞是其标志。如果仅仅是

"御寒"的功能，动物有自身的皮毛和洞穴，人类在夏天也是不需要穿衣御寒的。但是即使最热的天气，人类也不会一丝不挂，这就是因为"着衣"是人类求美、遮羞的首要功能。从人类进化历程看，猿猴时代的古人类是不穿衣服的，而随着社会进步，人类为了求美才开始制作衣服。原始社会，人们也曾穿着树皮、动物皮以遮羞和求美，后来才慢慢有了各种材料各种款式的服装。

图9　服饰：清康熙明黄色彩云金龙纹妆花纱男夹朝袍（故宫博物院藏）

御寒只是"着衣"（服饰）的次要功能。各种动物不穿衣服，又怎么抵御寒冬呢？栖息在寒冷地带的动物身上都长有厚厚的皮毛，以此御冬防寒；生长在温带热带地方的动物就没有厚厚的皮毛，这是动物自身御寒的一种本领。人类最初由猿进化而来，猿猴也有较厚的皮毛而不是依靠衣服来御寒。遮羞也不是服装的第一功能。今天，考古学家去考察一些原始部落，发现原始部落的人都是裸身相对，赤身行走，他们并不感到羞耻。所以，既然遮羞、御寒都不是服装的首要功能，那么剩下的就是求美了。从人类发展进程来看，人类穿衣服首先是求美的需要，其次是御寒，接下来是当社会发展到文明社会以后，穿衣服才具备了遮羞的功能。后来，随着阶级社会的出现，人类等级的划分，衣服的质地、档次成了标识身份的需要。而这种标识身份的功能也是通过求美来展示的。今天我们的社会已经高度发达，衣、食、住、行已成为我们生活中最基本的内容，当然也是非常重要的内容，"衣"（穿衣求美）自然就摆在了首位。今天我们生活中的每个人，无论是出于御寒、遮羞还是求美的目的，或者是为了适应约定俗成的习俗，我们都要穿衣。特别是发展到文明社会以后，为了遮羞（维护个人形象），穿衣服是一刻也不能少的。所以在今天的社会生活中，服装（服饰）就成为人们生活中非常重要的内容。为了追求美好形象，人们每时每刻都要穿衣。夏天炎热，就设计薄衫；春秋冬天气温较低，人们就穿着稍厚甚至很厚的衣服来抵御风寒。但不管是薄衫还是厚棉袄，为了穿在身上美观，都要讲求款式设计。人类为了保持尊严，追求美德，从生下来开始，都需要衣着打扮。即使一个人死后入殓，家人和后人也会将死者穿得整整齐齐，而绝不会赤身裸体。所以，服饰对人类来说非常重要。

衣着的首要功能是求美。所以，人们在穿衣服时就要不断研究探索，怎样才穿得美。要穿得美，就需要体现审美的几方面元素，如比例合体，颜色搭配和谐，长短大小合宜，穿着舒适、温暖，同时还要符合不同人的身份和不同场所的需要。所以，根据不同场所及功能需求，衣服的类别就有礼服西装或休闲夹克，长衫外套或内衣内裤，薄衫短袖或大衣皮袄等不同分类。出席庄重场合时需要穿礼服，军人要穿着制服，公务员上班也要穿制服，学生要穿校服，等等。根据不同场所和体现不同身份的需要，服装就有了各种各样的类型与款式。

日常生活中，人们往往评判一个陌生人的身份或外表时，也多是靠其穿着服装的质料、档次或形态之美来判断。人们常言，"人是桩桩，（打扮）全靠衣裳"。可见衣着打扮对于衡量一个人外表的美的重要性。

说了服饰美，我们再来说说器用。人类生活中除了"衣食住行"，还有生活用具。生活中"吃穿用"是必不可少的。这里的"用"，主要就是指日用器物。比如，我们房子里所用的家具，家里用于做饭的炊具、食具，都和人类的生活紧密相关。生活器用的类别非常众多，比如，现代人布置新房，仅仅是家具就有若干，如各种各样的桌子（餐桌、书桌、会议桌、棋牌麻将桌）、柜子（衣柜、书柜、橱柜、鞋柜、电视柜、收纳柜等）、凳子与椅子（虽然都是供人坐，但二者严格意义上是不同的），还有沙发、床、灯具等。厨房里的用具，有锅、碗、瓢、盆、杯、碟、盘、壶、刀、叉、勺、筷、铲、盖、罩等，难尽其数。所用餐具，盛酒、盛油、盛调料、盛鸡鸭鱼肉、盛豆子、盛蔬菜等，各个不同。这些器物，从人类早期制作来看，由于制作技术粗劣，往往种类不多。比如，现在厨房用的锅，根据其功用和使用人数的不同，大小造型各异，而早期人们在煮饭用的炊具种类就很少，仅仅就鼎、豆、盆几类。总体来说家具都比较简单。但即使如此，早期人类制作的陶器种类还是不少，有的比较平坦，有的则比较深陷，而且有多种形状。现代社会，我们到酒店餐厅就餐，各种盘子、杯子、碗、勺、盆等器具就有很大不同，可谓种类繁多。一般家庭里的家具也有若干类型。比如，衣柜与鞋柜造型就不一样，沙发、椅子造型也各不相同，桌子中的书桌、饭桌、茶桌、书画桌、课桌、会议桌，其造型都有很大不同。我们生活中的器具种类实在太多而不能一一列举。但是，当我们梳理生活中的器具特征时，发现器具的发展仍然是以追求美为目的、主线的。从最初的彩陶中我们可见，我们的祖先为了装点最简单原始的陶器，给它绘上彩色的绘画——人物、鱼、飞禽走兽、舞蹈人形，到后来，宋元青花瓷器上所描绘的花卉，以及各个时期瓷器制作时所描绘的图案不断丰富，造型各异，极大地丰富了人类日常器用的美。就人类所使用的陶瓷碗具看，早期的制作技术比较粗劣，陶瓷显得较笨重一些。后来随着制作技术的提高，碗壁越来越薄，质地越来越光滑，图案越来越精美，这都是人们在器用制造和使用中不断追求美的表现。比如，人们所坐的椅子，早期的比较简单，装饰性较弱。后来，即使生活中的任何一个家什，人们都赋予了它审美。比如，锅、碗、瓢、盆虽然都是圆形的，可以盛装食物的器皿，但其造型却有很多变化。其他，如门把手的造型，酒杯的形状，桌椅的形状，都在不断变化和不断装饰美化。所以，生活中的各种器具，人们在制作和使用时，都是在不断朝着更加精美的方向发展，不断求美。我们在使用器物时，虽然这些器物首先是一种实用工具，需要有其使用功能——如盛东西，但随着社会文明程度越来越高，人们所使用的器物，其美化功能越来越强，越来越明显。很多器物在造型上不断探索美的形态，使它们不但成为人们生活中的必备品，同时也是装点人们生活之美的装饰品。所以，生活中我们所使用的各种器物，带给人的使用功能不断退化，而其美化装饰功能则越来越强，这都是因为人类追求美的天性和对美的标准要求使然。

二、服饰器用的审美特征

"服饰器用"主要是指人们生活中的各种实用品，其种类非常繁多。我们分服饰与器用两大类来阐述。在生活中，服饰器用时时刻刻与人相伴，在人类的日常生活审美活动中发挥着重要作用。就服饰、器用来阐述它们的审美特色与效果，大体可以分为"实用美"与"艺术美"两方面。

首先，实用美。

所谓"实用美"，是指无论是衣服鞋袜等各类服饰，还是我们生活中所用的器具，如家具、厨具、用具等各类，它们首先所具有的美便是因为有"实用"功能而具备的美。前面我们曾说过汉字"美"字的释义，其中，最有代表性的当数"羊大为美"，这就是从实用角度去阐释"美"的含义。今天，如果从实用角度看，我们所穿、所用的衣服对人来讲，它首先就"美在实用"。夏天炎热有轻薄、透气的夏装，冬天寒冷有厚厚的能保暖的冬装，夏天所穿的衣服凉爽，冬天所穿的衣服温暖便是其实用的美。试想，在冬天冰天雪地之时，不穿衣服或穿着很单薄透气（透风）的衣服，人是不能生存的。虽然冬天也可以在室内，室内有保温设备，如空调、烤火器，这些也是实用的器物，它们仍然是保证人类生存所需要的器用，种类当然很多，如做饭用的锅、盆，吃饭用的碗、碟、勺、筷子，厨房里用于烹煮食物的各种器皿，书房里用于看书、藏书、写字的桌子、书架，照明用的灯具，用于休息的卧室中的床、床垫、台灯等各种器物，非常繁多，而这些器物首要的美，就是其实用的功能（让人感受到舒适实用的美）。床垫、床单供人睡觉、休息时要有舒适感，书桌、椅子供人坐着看书、写字或休息，台灯用于照明，椅子的高度，桌子的高度、宽度，身体依靠时的舒适度，厨房里的刀叉、碗、碟、勺、筷子、门把手、箱子等接触的舒适度，各种工具也是实用的，而这些器物的实用功能是第一位的，最原始的美乃是其功能的美，是它们保证或满足人们生存、繁衍、生命承续、生活乐趣的需要。实用之美是需要从实用角度来评判的，比如，一个门把手，如果以手去拉的舒适度不好，一张床垫，如果人躺在上边太过于生硬而不舒适，一个杯子、一个刀叉用手拿起来，在手握的时候不舒适，就不能体现出实用功能的美。所以，生活中我们使用这些器具时，如果使用起来舒适，我们就会对它产生一种爱的意味，生活中不太好用的一些器具，人们很快就会将其抛弃或者更换，这都是这些器具不能很好地满足人们的使用（实用功能）需求的缘故。比如，人们穿衣服时如果大小不合体，穿在身上不舒适或者紧绷着，或者太过于宽大而使行动不方便，这也是不能体现出实用之美的。所以服饰器用的美，首先应当是表现在其实用功能的美，"实用美"也成为服饰器用首要的审美特征。

其次，艺术美。

人们在使用服饰、器用时还要追求其外在形式的美，让人产生观感的美，这是与"实用"相对的另一方面，即只考虑其观感形式是否美观。也就是说既要"中用"，还要"中看"。一件实用的服饰、器物，既要好用还要好看，前者是"实用美"，后者就是"艺术美"（这里体现为外在的形式美）。服饰、器用两个类别，如果从形式美来看，服饰涉及的外在形式美主要有所使用的材料质地之美、设计的款式之美、选用的色彩搭配之美、服饰合身（与身体吻合、比例协调、搭配和谐）之美，以及是否能体现人的特殊身份和内涵，是否能体现对传统经典的传承，是否能反映一个地区、一个民族的审美习俗，是否能跟上潮流或符合现代审美趋势，是否符合当下流行色彩、流行款式等。所以，关于服饰之美，如果要细分，我们可以从其形式材质、色彩、款式、比例、合体、搭配、时尚经典、内涵、身份、民族性、地域性、环境性等多方面去考虑。同样，器用方面，无论是生活家什，比如，椅子、桌子，还是锅、碗、瓢、盆、刀叉、杯子、台灯、电脑、烤火炉、电风扇、空调、灯饰等这些器物，除了具备实用美之外，在生活中由于它们总是离不开人们的视野，需要被观看和使用，在观看使用当中，必然会涉及其外在形式之美。从某种程度讲，器物和服饰一样，都需要被人们观赏，故而也有其独特的外在形式之美。当然，在制作器物时，所选用的各种材质有陶瓷、木头、钢铁、布帛、纸张、塑料等，乃至一些综合性的复合材料，也能展示出其特有的材质之美。同时，色彩也是一个很主要的因素。我们用的杯子、台灯、桌椅等，都涉及不同色彩的搭配。另外，还有器物与人的比例搭配。比如，同样高度的桌子、椅子让不同的人坐上去，其舒适度也会有所不同。又如，器物的把手，无论刀叉的手柄，汽车的门把手，室内的各种器用的把手（电熨斗、电吹风、箱子）以及我们使用的笔等，特别是我们天天都要使用的筷子，其粗细、手感也都直接带给人以外在的形式之美。所以，服饰器用，如果从艺术美来衡量，它们涉及的内涵非常多。生活当中，人们为了追求其外在的形式之美，需要不断探索、研究，从而也就出现了设计师。

我们生活中所使用的器物，如椅子、桌子、台灯各种家具，刀、叉、碗、碟各种厨具，各种生活用具，只要人们用眼睛去看，用手去接触，就必须考虑到人们的观感和使用感，考虑怎样才能更加舒适，手感更好，外在的色彩搭配更和谐，造型更美。所以生活中对于各种器用的设计，所涉及的面很广。社会生活中需要的设计师也非常多，如家具设计师、汽车设计师、包装设计师、环境设计师等。当前，大学里美术生绝大部分是学设计专业的，而设计专业又可以分为视觉传达设计、环境艺术设计、服装设计等不同专业方向，这些不同专业方向的学生，在从事设计时所针对的工作对象与审美追求都有很大不同。

关于服饰的美，服装设计师有很大的功劳，而实用产品设计的美，也主要由设计师来完成。所以，从外包装到物品的内质都有可能不一致。比如，我们到商场去买一件物品，现在绝大部分有外包装，有的包装看起来绚丽多彩，让人一看就会喜欢上它，但我们并没了解商品的内质。从外观看，无论其造型

96

还是色彩、形体比例大小都有丰富的形式美，这都是设计师心血的体现。但一件物品的外形设计，并不一定能够满足所有人的爱美、求美之心。比如，一把椅子、一张桌子，有的人高度合适，坐上去感觉舒适；有的人高度不合适，坐上去就会感觉不舒适。服装更是如此，一件衣服，甲穿着很舒适、合体、漂亮，但乙穿着却不一定合适或显出漂亮。现代社会中需要大量的服装设计师，就因为人的体型有高矮胖瘦之别，人的审美追求也有别。有的人喜欢宽袍大袖，有的却喜欢紧身干练；有的喜欢鲜艳的颜色搭配，有的却喜欢素净。不同颜色具有不同的美，黄色显得富贵，红色显得热烈，绿色充满生机与活力，灰色显得沉静，等等。服装设计师为了把一件衣服设计得更美，特别是要符合不同人群对美的追求，他们所设计的服饰种类繁多。现今我们走进一些大型服装商场，就可以看见琳琅满目、各种款式、各种色彩的服饰。这些服饰，或许最后都会被不同的人群选购。虽然有的衣服，在顾客甲看来是喜欢的颜色，顾客乙却不一定喜欢。所以，对于服饰的审美就有不同对象的审美差异。顾客需要有差别，就需要设计师深入研究不同人群的不同需求。

日常器物同样如此。关于服饰器物之美，除了其实用美之外，其他关于材质的选择、功能的确定、颜色的搭配、外形的构造等，我们都可以将其归纳为艺术之美，而服饰器物的艺术美其实也是一种"设计之美"。因为，各类服饰器物的外形构造、材质选择、功能确定、颜色搭配等，都体现了设计师的匠心运用，体现了他们对形式美的研究与探索。设计师为了符合市场需求，需要认真研究不同人群的需求，所设计的外形也就会呈现出各式各样的美。服饰器物的设计之美，就是体现设计师为了追求美而进行器物服饰设计，并且表现出不同形式的美。设计师在服饰器用的材料选择、颜色搭配、款式造型、比例设计等方面有若干思考，我们大致可以将设计之美分六个方面来论述。

第一是"合体"之美。

所谓"合体"，就是指一件器物或服饰，首先是为人们的穿着、使用而服务的。人们在使用过程中，必须符合身体机能的需求，得心应手，穿着时大小合适，使用拿捏时握在手里舒适，颜色搭配和谐，大小比例和谐，就称为"合体"。我们常说某件衣服某人穿起来好看，首先是说这件衣服很合体才是"好看"。这实际上就是对衣服与穿着者身体比例搭配合宜的"美"的肯定。这种"合体之美"，除了需要服饰吻合人体形态，同时还有其自身的比例合适，显得和谐。一个人穿着看起来很合体，这首先就是一种外在的美。无论是从他人的审美，还是从穿着者个人实用来讲，"合体"都很重要。试想，一件衣服，如果不符合人体的需求，太小的穿不进去，当然不能使用；太大的穿在身上，行动不便，外形也非常难看，当然也就不美。一件器物，比如，一个门把手，我们每次去开门时握着这个把手，都要感觉舒适才行；如果这个门把手握起来有棱有角，与手的吻合度低，对手形成一种刺痛感，当然就不合体。一张椅子、一个床垫，如果人坐上去或者躺上去，给人体带来的不是舒适感，而是冰冷、生硬甚至高低不平的感觉，对人体产生刺激、压痛感，当然就更不美了。我们生活中所用的锅、碗、瓢、盆等，其大小也是根据功用来制作（选配）的。一家三口小家庭所用的锅和上百人的大食堂所用的锅，其大小肯定不一致；削水果和砍树用的刀，无论大小或刀刃也都不同；选用筷子必须符合人手握的舒适度，握起来舒服而不是对手造成伤害。美观舒适本身就是一种美。这种"合体"之美一方面是内在的、让人感觉到的；另一方面也是外在的，让人能观看到的形式。比如，衣服的是否合体，大小不合适穿在身上就会很别扭，既不能体现人体优美的曲线，也不能让人自由行动，和人体比例搭配不协调，这都不美。"合体"之美还表现在其他地方，比如，生活中我们选衣服，常常就有这样的经验：同样一个人穿着不同颜色的衣服，有时看起来很胖，有时又显瘦，这都是"合体"与否的原因。要"合体"，就需要设计师认真研究人体形态、肤色、气质等多种因素，以此去搭配不同材质、不同颜色，设计不同款式、比例尺寸的衣服。在社会生活中，设计师常常花费大量心血去进行设计，设计需要研究人体比例、肤色、气质，需要研究不同人的喜好，所设计的各类服饰、器用才能更好地符合人的需要，从而达到服饰器物与人之

"合体"。

第二是材质之美。

生活中各类服饰与器物使用的材质类型特别多，如木材、陶瓷、钢铁、布帛、丝绸、纸张、人造纤维等。不同的材质，其外部颜色、纹理，内在的材质特性，柔软度、坚硬度等都会呈现在人的眼里。材质有的纯净、温润，有的坚硬、冰冷，有的柔软舒适，有的飘逸，有的沉稳，等等。在各种服饰器物材料中，正是由于不同材质的特性，所呈现出的美也不同，比如，丝绸服装很单薄，它会显得飘逸；厚重的布料、毛呢显得很有坠性、挺括，具有劲挺之美。再加上不同颜色、花纹带给人的感官有非常丰富的美，比如，木头的花纹，有的是直直的、整齐的，有的是无规则变化的、梦幻般的，这些颜色纹路都有不同的美，可谓各有其美。我们生活中用的器具，玻璃杯透明、晶莹剔透，陶瓷温润、干净，紫砂沉稳、厚实，不锈钢清澈、干净，纤维柔软、可变性强。所以，生活中制作服饰、家具器用，不同材质具有不同的美。而材质之美对人们欣赏感官来说，有很大关系。就像我们选家具，有的人喜欢红木，有的人喜欢柏木、榉木，其花纹、材质都不同，审美效果也不同。有的人茶几喜欢选用玻璃板的，有的人则喜欢用木质的。同样是因为材质不同而呈现不同的美。比如，我们用的水杯，有的用玻璃杯，有的用不锈钢杯，有的用陶瓷杯等，这些不同材质也都展现出不同的美。使用者追求什么样的美，也就会选择什么材质的器物。

第三是色彩之美。

色彩对各种器物来说都有其天然的美感。在人类发展史上，不同民族、不同地域的人对于色彩美的认识都有不同。比如，中国人普遍认为黄色富贵，红色热烈，绿色充满生机，紫色显得高贵雅致，灰色沉稳，黑色宁静，白色纯洁……不同的色彩具有不同意境与美感。长期以来由于历史积淀和文化传承，人们赋予了色彩特别的含义。中国人认为黄色富贵，起源于古代皇帝大多是着黄袍为主，所以称新皇帝登基为"黄袍加身"；而读书人常常穿着比较简单的白色素服（古代衣物未经染色加工时为自然的白色），所以常被称为"白衣秀才"；武士兵勇一类因从事武术练习或打斗，衣袖裤脚紧身，肩髋部位则比较宽大，以便行动，且多以黑色为主，不易污染。小说中写的武侠常以黑衣打扮为主。黑色隐晦，夜间行走时，和夜色完全吻合，所以具有很好的隐蔽性。今天的军人多穿草绿色军装，也是因为军人行走（战斗）在田野间，草绿色与自然界本色十分吻合。在战场上，穿着草绿色军装也更有利于隐藏。所以色彩之美，既具有历史赋予的特定意蕴，也有与环境搭配和符合实用功能的需要。色彩之美，除了每一种颜色所具有的意义之美，另外还有其搭配之美。在生活中，无论是穿着衣服还是使用器具，我们更喜欢各种颜色的有机组合，而不是单一的某种颜色，这就需要色彩搭配。比如，衣服不会是全部以白色或者黑色为主，可能会有黑、白、黄、绿、红各种颜色搭配，色彩搭配时，从美的角度讲，还有一些固定法则。俗话说，"红配绿，丑得哭"，红色和绿色属于对比色，二者搭配非常刺眼，同样如黑色与白色、紫色与黄色等，对比强烈的颜色紧挨在一起会非常刺眼，当然也很醒目；如果有中间色搭配或者是特别的场所背景相配也还是可行的。而为了强调和谐，人们在颜色的搭配上就会强调变化和谐，对立而统一。自然界的颜色，红、黄、蓝称为三原色，色彩之间进行调和后才产生了绿色、橙色、紫色等各种颜色。在颜色搭配中，如果三原色之间有相近的过渡颜色进行调和，就相对比较自然。比如，红色和黄色之间的过渡色是橙色，黄色和蓝色之间的过渡色是绿色，蓝色和红色之间的过渡色是紫色。在日常生活中，三原色加上两边的过渡色，搭配起来就比较和谐，反之，色谱之间差距大的，比如，黑色与白色、紫色与黄色就是极为冲突、对比反差大的颜色，二者紧挨在一起，就显得特别冲突刺眼。当然设计师在对生活中的器具或者服饰进行设计时，有时会专门为了突出其视觉冲突感，用一些色差非常大的对比色进行搭配，这需要看具体是什么场所，设计师追求什么风格。总之，色彩搭配是一门学问，在美术学科中有专门的色彩学，学习美术与设计专业的学生需要专门学习、研究色彩搭配，掌握好色差与色彩的浓淡、饱和度，在服饰器物设计运用色彩时才能搭配更协调。具体到生活中当然还要因环境而异，因人而异，不可一概而论。设计师要研究器物色彩的搭配，满足受众的审美需要，还需要综合环境、文化积淀、审美追求目标和拟表现的氛围及其内涵、身份等各方面因素去考虑和进行颜色搭配，才会营造出更加符合人们审美需求的器物色彩。

第四是款式与内涵之美。

无论是各种服饰还是生活中的各种用品，在其外形上都有款式的变化。不同款式体现了设计师对美的追求的不同，也体现了服饰器物的不同含义。比如，服装，男装中有西服、中山装、唐装、夹克等，女装有旗袍、衬衫短裙、披衫、运动装等各种款式。以男士夹克为例，夹克的外形相对中山装、西装来说是比较自由随意的，一般是紧身，袖口小，衣领比较干练。但同样是夹克，其外形如衣服口袋的设计，袖口、领部及外部线条制作，衣领的不同形式等，都有各种各样的变化，我们称之为不同款式。夹克中有的比较修身，属于瘦款；有的又比较肥大，适合于较胖的身材。具体到每个人来讲，同样是穿夹克，有的人穿着带衣兜且外部装饰线条比较多的款式就比较好看，有的人穿着外部比较简练，少装饰，显得简朴纯净的更好看，这些都会因人而异。所以，服饰中各种款式复杂多变。同样是器具，比如，玻璃杯、陶瓷杯、紫砂壶都有若干造型，有的如葫芦状，有的是圆形或四方形或六瓣形，或上小下大，或上大下小，各式各样，造型各异。服饰器用的款式变化，既有从外形上变化区别的，也有颜色材质的区别。而外形与材质、颜色的变化，往往还表现出内涵的区别。比如，紫砂壶的造型，有的外表装饰比较繁缛，线条多，造型比较考究，工艺精湛，呈现出繁华之美；有的仅以简单的圆形呈现，或外部装饰少，图绘简单，呈现出简练之美。人们对器物的欣赏，有人欣赏简洁的造型，有人欣赏繁缛的修饰，这也跟欣赏者的个性爱好有关。其他各种器物也是如此，有的款式比较简洁，有的款式比较复杂，甚至显得比较奢侈，但无论是简洁还是豪华，都各有其美。

另外，服饰器用款式的差别，其实也体现了不同时代、不同地域的人们对于服饰器用之美的追求。以服装为例，封建社会中男装曾长期以长袍为主，长袍中的款式也有很多区别。比如，朝廷官服和皇帝所穿着的龙袍，无论从颜色还是从衣服上的修饰物看，都有很多规矩。不同级别的官员衣服，官服上的图案也有相应规定，《新唐书》里记载唐代服饰的规定，皇帝"以赭黄文绫袍，乌纱帽，折上巾，六合靴，与贵臣通服。唯天子之带有十三镮，文官又有平头小样巾"。对于服装上的装饰，《新唐书》记载："一品、二品銙以金，六品以上以犀，九品以上以银，庶人以铁。天子袍衫稍用赤、黄，遂禁臣民服。亲王及三品、二王后，服大科绫罗，色用紫，饰以玉。五品以上服小科绫罗，色用朱，饰以金。"这些都有很明确的规定。再比如，明代洪武二十四年（1391）规定，官吏所着常服为盘领大袍，胸前、背后各缀一块方形补子，文官绣禽以示文明，武官绣兽以示威武。一至九品所用禽兽尊卑不一，借以辨别官员品级。文官胸前、背后用的图案是飞鸟，一品仙鹤，二品锦鸡，三品孔雀，四品云雁，五品白鹇，六品鹭鸶，……武官中，一品麒麟，二品绣狮，三品绣豹，四品虎，五品熊，六品彪，……①这些服装图案表面上看是区别官阶的标志，背后则是用动物的珍贵以及凶猛的程度来阐释官员的等级品阶，非常有意思。

就当代人所着服装看，男士在正式场合要穿西装或者中山装，称为正装，平常休闲场所穿的是夹克，就比较随意，裤子正规场合穿的是西裤，日常场合、休闲场合则多穿牛仔裤；女士正规场合穿旗袍，休闲场合穿着则相对随意，在家里都穿睡衣。所以服饰款式的不同，其背后所具有的内涵也不同。器用方面，使用铁、金、银、铜、紫砂、陶瓷材质不同，在款式上也会有所不同。一般而言，金银比较珍稀，所以做成的器物制作工艺也很精致，造型玲珑小巧。陶瓷、铁这些材料比较粗糙，所造器具就稍显粗犷。但是，陶瓷中也有不同的材质，比如，紫砂壶，细陶或粗陶，上釉与不上釉，其外表就有很大不同。有的质朴，有的光洁，有的富贵，其外表造型所显示的内涵也不同。就紫砂壶的各种造型看，文人们追求的品格不同，其图案描绘有的饰以兰草，有的图案为菊花，有的为松树，有

---

① 张轶. 生活美学十五讲 [M]. 北京：北京师范大学出版社，2011：26.

的为荷花，这些图案也预示了主人公的审美品格与内涵的不同。所以，服装器用在款式、图案上的不同，所蕴含的美学内涵就不同，我们在使用和欣赏时，需要多加品味考察。

图10 器物：明万历款青花开光花卉兔纹双耳杯（故宫博物院藏）

第五是民族性与地域风格之美。

服饰与生活器用，由于涉及地域范围非常广泛，各地区、各民族之间的差异也是显而易见的。不同民族的人因为其地理环境不同，长期的文化积累不同，人们在审美习俗上也会有较大差异。以器用为例，不同环境的物产不同，器用所使用的材料就会不同。盛产金、银、铜、铁的地方，在日常器用中以金、银、铜、铁为主要材料；盛产黏土的地方，陶瓷业就比较发达。泥土特性不同，如江苏宜兴盛产紫砂壶，就因为当地的石质、泥土非常适合制作。云南少数民族地区之所以把金、银、铜作为首饰或器用较多，也是因为云贵高原盛产金、银、铜、铁等金属原材料。服装同样如此。盛产茧丝绸原料的地方，丝绸服装、被褥就比较盛行；盛产棉花的地区，那么服装材料就多以棉布为主。虽然后来交通比较发达，各地区之间的原材料与商品流通比较方便，但是长期的历史积淀仍然使各地区人们在服饰器用材料方面形成了鲜明的地域特色。另外，由于一个地区长期的文化积淀，其审美趋好也有自己的特色，所以在服饰或器用上便会形成丰富的地域特色与民族特色。中华民族现有 56 个民族，各民族在服饰款式上有很大区别，北方少数民族以着皮衣、皮袄居多，南方的棉布、丝绸服装较多，每年年初全国人大开代表大会时，各少数民族与会代表都可以身着颜色各异的民族服装，尽情展示中华各民族服饰之美。生活中有些服装也是经过长期历史形成的。比如，我国的中山装就是因晚清以后服装改良，孙中山先生喜欢穿着中山装而影响了一大批人。改革开放以后，国家领导经常出访世界各地，西装开始在中国盛行；美国西部牛仔喜欢穿着的牛仔裤，在改革开放以后也随着中西方文化的交流碰撞传到国内，并逐渐为大家所喜好，这都是地域服装和民族特色的一种体现。

除了民族风格与地域风格之外，服装与器用还存在流行、经典、时尚之美。"时尚"是为一个时代人们所崇尚、追求、喜欢的一种潮流。"经典"是指千百年来相对较长时间内一直传承的一种款式（对象）。生活中服饰器用都具有流行性、时尚性与经典性的审美特点。所谓"流行"，则是指一段时间内得到了人们的广泛认同，大家都喜欢穿着打扮或使用的一种潮流。比如，辛亥革命以后，男子剪去辫子，大家在服饰上开始一改过去的长袍马褂，而喜欢穿中山装，女子喜欢穿改良后的旗袍；新中国成立以后一段时间，中国文化受苏联的影响，列宁装开始在中国广泛流行；改革开放以后，很多青少年喜欢穿喇叭裤，也曾是一种流行的风尚。就服饰器用来讲，"时尚性"是人们审美追求的一个主流，人们喜欢跟风，大家都在用，那么人们就认为是美的。所以，一段时期内大家在穿着打扮上都喜欢跟风，但是在服装穿着方面又存在"经典性"这一审美特征。千百年来人们一直喜欢并传承不衰的一种服装款式，就是经典服装。比如，我国的中山装、汉唐中式服装就是比较经典的服装款式，在过去若干年一直比较流行，在当今也仍然为一部分人所喜好。又如，器用中的家具，我国的宋代家具、明代家具、清代家具，都各有其优缺点。千百年后的今天，人们在布置房间或装修新房时，有的人喜欢明式家具，简洁雅致；有的人喜欢清代家具，繁缛，富贵，工艺精致，装饰较多。这些家具器用的款式，一直传承有序，每一个时期虽然都有其主要特色，但是一段时间以后，这些款式又会循环往复流行。服装方面，辛亥革命后流行的中山装，在新中国成立以后一直流行，但改革开放后又被西装替代，最近一段时间，人们经过长时间穿西装后，又觉得有些流于陈旧，于是中山装又受到了热捧。20世纪80年代，穿喇叭裤曾比较流行，十多年后一度被牛仔裤、西裤代替，但是，现在社会上又有一部分人开始喜欢穿着喇叭裤了，而且一些非常年轻的、时髦的女士们都喜欢穿喇叭裤。可见，服装潮流呈现出一次次轮回的趋势。有些款式几年以后没人穿，就成为过时的了，但若干年以后，可能它被一部分人穿着怀旧，并很快被人跟风而逐渐受热捧，从而又变成一种时尚潮流。所以，无论是服饰还是家具器具，时尚、流行与经典是交替并存的，可谓各有其美。

第六是设计之美。

关于服饰器用之美，其所具有的材质之美、色彩之美、款式造型之美，说到底还是由设计师去设计的，而最后形成的审美效果则离不开设计之美。设计美首先在于制作者从形式造型上考究，其次在于围绕使用功能，以最利于人体使用的功能去进行考虑，所以，"合体"之美实际上是由设计师在设计时所表达的功能之美。另外，设计师在设计时将充分运用到不同材质和新的技术手段，从而形成的器物及其所具有的材质、款式之美，也离不开技术手段之美。现今社会所做的金银铜器、不锈钢、玉器等，都离不开其高超的技术制作。比如，玉石所呈现的美，那光滑的纹路，其实是依靠其技术之美来完成的。当然，设计师在设计形式时还会充分参考，应用各种模仿自然界抽象的、具象的形式，以及运用色彩搭配的规律来进行安排，同时结合一个地区的审美习俗、民族习惯来表达形成器用服饰的美。所以，设计美实际上是将器用中造型的美、功能的美、技术的美、色彩的美、民族特色的美等多方面元素搭配起来所形成的中和之美。

图11　器物：北宋定窑白釉孩儿枕（故宫博物院藏）

三、如何开展对服饰器用的审美

第一，热爱生活，喜欢消费享用。我们要在生活中接触（消费、享用）到更多的服饰器用，才能更好地欣赏服饰器用之美。试想一下，如果我们只是接触或使用过很少的服饰器用，怎么了解服饰器用的精彩？服饰器用都是人们生活中日常

图12　器物：清碧玉竹林七贤图笔筒（故宫博物院藏）

使用的消费品，但从某种角度说，也是艺术品，生活中各类服
饰器用类别很多，它们都凝聚了工匠（或艺术家）的智慧，包
含了众多的审美特征。要开展服饰器用的审美，首先就需要接
触更多的服饰器用，而要接触更多的服饰器用，当然就需要热
爱生活，喜欢消费，能接触或拥有更多的服饰器用才行。

　　第二，追求生活品质，把日常生活艺术化。服饰器用都是
人们日常生活中的常用物。它们的艺术化也就使我们日常生活
的使用活动变成了一种艺术消费，使生活艺术化。对服饰器用
的消费也就是对艺术品的消费。有了这种观念，日常生活中充
满的各种各样的服饰器物都是艺术。而要追求高品质的生活，
就需要我们加强对生活品质化的追求。在日常生活中使用各类

器物，追求精美、艺术化，也使我们日常生活中的各种用品都成为一些造型（款式）精致、充满艺术气息的对象，让生活中的各种用品都朝着艺术化发展。人们只有接触更多服饰器用才能对其艺术审美认识更多。

第三，懂得服饰器用的基本审美特征，运用专业知识进行美的鉴赏。如前文所言，服饰器用的艺术审美特征有款式、材质、色彩、合体等方面。器用这一类也同样如此，在造型、材质、色彩以及用不同材质制作出的服饰器用，所体现出的各种美感亦不同。我们只有懂得服饰器用的基本审美特征，并在生活中多接触到这些服饰器用，才会更为细心地考察其美的特征，用专业性的标准来认识生活中常见的服饰器用，从而进行更好的审美。

第四，追求"合体"与"适用"。前面也说到，服饰对人来讲"合体"非常重要。一件衣服只有穿着合身、合体，才能凸显出身材各部分的比例、大小、长短，更重要的是合体的服装，穿在身上行动更方便，更能衬托出身体本身的曲线之美。"适用"是指适合使用，人们使用该器用时比较舒适、耐用，具有实用之美。"合体"与"适用"是服饰器用中最为重要的审美特征。我们在使用日常衣物时非常注重"合体"，到服装店总是要不断地试穿，就是为了找到"合身"又舒适的款式。器用方面使用注重其舒适度，比如，一个门把手握在手里的舒适度，一把椅子（座椅）的高度，都是其适用性的体现。"合体"与"适用"才是服饰器用最基本的美，也是最重要的美。

　　第五，注重特色，体现个性。无论是服饰还是器用，在人类长期的发展演变中都具有民族性、区域性等个性；特色也是它们所具有的民族性、区域性特色所在。一件器物，只有它们与其他生活用具拉开差距，体现个性，才是它们最有特色的亮点。人们在购买服饰时所注重的往往也是其特色。在使用日常器用时，对其特色、个性也都同等重视。无论服饰、器用，特色性是其取胜的根本，个性化是其异军突起的法宝。在日常生活中，无论我们所居住的地方是否具有民族性、地域性特色，或者是否具有时代性特色，当我们在日常生活中去对服饰器用进行艺术价值评判时，它们是否有特色、有个性，是非常重要的。这也是服饰器用与其他艺术门类所区别，以及凸显其自身价值的一个重要特征。所以，在社会生活中，我们对服饰器用的审美，更需要充分发掘其个性特色。

第五章

茶酒饮食之美

饮食对人类来说极其重要。如果没有食物作为物质保障，任何有生命的动物都不能存活下来，人类更是如此。所以，古人曾说"民以食为天"，这应该是亘古不变的真理。从生存需要的角度看，获取食物保障对任何人来说都是首要的事情。虽然随着社会的进步，作为保障人类生存的食物生产已经不是很难的事，人类在获得食物保障后，还有精力、有条件干很多其他的事情，如精神娱乐、社会秩序管理等，但归根结底，食物保障永远是人类的第一需要。

在今天，随着社会的进步和生产力水平的提高，物质生产（当然也包括食物）有了更充分的保障，人们已不再是简单地追求填饱肚子，获取生存能量和营养，而是要吃得更好，生活更有质量，这就出现了人们对食物质量的追求——要吃得更好、更可口，在吃喝的过程中享受美妙舒适的味道，甚至还要求食物的外观。所以，社会越是发展繁荣，人们就越要追求食物的美。人们习惯将好吃的食物称为"美食",享受美食也是人类幸福美好生活的象征。当然,人类想要生存不仅要吃食物,人要补充水分,人必须饮水(后来发展为饮茶或饮酒等),这属于"饮"的范畴。前面所言"民以食为天"中的"食"并不仅仅是指吃的食物,还要包括"饮",这就是所谓的"饮食"。"饮食"所包括的内容,除了为充饥而食的食物(菜肴)外,还包括"饮"——饮茶、饮酒、饮水(或饮用各种美味的果汁、甜品等),它们在人类生活中都不可或缺。随着人类社会的进步,饮食的内容非常丰富,如各种菜肴(包括米饭、面食和其他食物)的品种及其蒸煮方法,各种茶饮的冲泡,酒的酿制方法,以及由此衍生出来的各种食物饮料的食用饮用方法、环节等,这些内容合起来则称为饮食文化。当今世界各地有非常丰富的饮食文化。特别是饮食的享用环节还融进了人类交往的礼仪活动,比如,会亲访友、婚丧嫁娶、过节、祝寿、庆生、朋友交往或公务洽谈等活动往往都离不开饮食宴请,而饮酒、品茶更是朋友交往联络感情、叙谈情谊或工作生活的重要纽带。对饮食之美,本章将"饮"与"食"分别述之,以食物之美、茶之美、酒之美来展开叙述,希望读者朋友更多地体会到饮食之美。

一、饮食之美

饮食之"食"主要指食物。食物主要指各种菜肴,也包括各种面点、果品等，而不仅仅是生活中最基本的米饭、粥一类制作比较简单的食物。关于食物之美，我们可以从其功能美、材质美、味道美、触觉美、嗅觉美、色彩美、造型美、食器美、用餐的环境意趣美等几方面来和读者朋友展开交流。

第一，食物最主要的"美"是其功能美。

当人们处于非常饥饿的状态时，任何可食用的食物在人眼里都是美的。所以，中国古代关于"美"字的含义有"羊大为美"的说法，其意便是说，先人们认为肥大的羊就是"美"的对象。为什么肥大的羊就美？因为肥羊一定比瘦小的羊肉更多，更能让人大饱口福，满足人们对身体所需营养、能量的需要。在食物比较匮乏的年代，人们更愿意吃肥肉而不愿意吃瘦肉，因为肥肉更能让人大快朵颐。所以"美"字以"羊大为美"来阐释，便是从食物的功能去评判的。不过，随着社会的进步和食物的丰富，人们对食物的要求已不在于"量"（羊大）而在于"质"（品质），这就包括了从味觉到视觉、触觉等方方面面。因此，也就涉及食材的质量以及口味、色彩、造型、器具等方面的美感。现今我们已处于物质高度发达的时代，食物材料非常丰富，人们在制作和享用食物时，对其质的美就有明确的追求。比如，我们吃鱼、吃海鲜、吃牛羊肉甚至蔬菜等，首先都要讲求食材的新鲜。我们到餐厅吃鱼、吃鸡鸭，都喜欢看着宰杀后立即制作，这样的食材才更新鲜，食用起来在心理上都感觉特别美。所以无论是在家庭饮食制作还是在餐厅就餐，人们都讲究食材的新鲜，活鱼、活鸡、活鸭，看着宰杀、制作，就感觉这些菜肴特别鲜美。反之，如果是死鱼、死虾，人们看着就很厌恶，更不用说如果食者知道吃的是死鱼、死虾，一定会大倒胃口。同时，现今在饮食制作环节，还非常讲究卫生状态，食物原材料的干净卫生、质感美、品相美更能实现其功能美，也更能体坝出食材的美。

第二是味道美。

无论食物还是茶酒饮料，都要经过人的口腔并接受味蕾的检验，"味道好不好"是人类接受饮食的重要标准。特别是社会生产力发达后，人们的饮食类别、材料特别丰富，在饮食方面就会有一种选择性接受。人们形容好的饮食总是说"味美可口"，即强调食物的味道美。品茶、品酒，用一个"品"字，也在于对味道的选择和慢慢享受。在日常饮食中，人们对于味美可口的食物总是非常喜欢并赞不绝口，而对不美的味道则形容其"难咽"。比如，苦的、涩的味道，人们就难以接受。所以，衡量食物美的"味美"是非常直接而关键的标准。千百年来，人们为了提高生活质量，总是在饮食味道上不断探索与改进，并力图将饮食的味道美更完善地呈现出来。饮食之味道十分丰富，中国人习惯将味道分为"酸、甜、苦、辣、咸"五味，所谓"五味俱全、五味杂陈"。实际上，饮食的味道远不止五味，日本人分味道为"酸、甜、苦、辣、咸、鲜"六味，印度人则有"酸、甜、苦、咸、涩、辣、淡、非正常味"八味，四川人常言"酸、甜、苦、辣、麻"五味，等等。不同地域人们对味道的区分有别，再加上很多饮食其实可以综合成各种味道。比如，四川菜中的"麻辣、酸辣、香辣"，都是比较突出且有特色的味道，甚至多味杂陈的则称为"怪味"，比如，四川特产"怪味胡豆"。

饮食材料本身是具有多种味道的。如动物肉类的血腥味、膻味，植物（蔬菜）纤维的涩味、菜汁的苦味和生辣味，这些味道大都是人类比较难以接受的。于是，人类在饮食烹制时便佐以各种调味品，最后形成比较适合人类口味的各种食品。这些食品中，酸、甜、苦、辣、咸、麻、鲜香，各种味道均有。特别是其鲜香味或者混合酸甜、麻辣等味道所综合形成的各种味道，可谓应有尽有，杂糅和谐，满足了人们对各种味道的品尝需求。

当然，这些味道都是通过历代饮食制作者（厨师）的不断探索和满足人们在品尝中不断变换的口味需求而形成的。实际上，不同地域、不同人群对味的需求和适应性是不同的。

比如，四川人对麻辣味的爱好，北方人就不能适应；反之，江浙一带总是带甜味的饮食，西部人可能也不一定喜欢。这就是饮食口味的地域性差异，据此也就形成了饮食中不同地域特色的菜系。长此以往，这种地域性口味的菜肴反而形成了一种当地人的"嗜好"——对所谓"家乡风味"（饮食味道）的一种依恋。常言道"一方水土养一方人"，对于一个地域的人，长期食用、品味当地特色菜便是最美的味道。所以，饮食之美重在味美，而味美则往往带有浓郁的地方特色。

当然，饮食之味美也带有"普适性"。比如，一般的鲜香、甜味，相较于苦、麻、涩之味，大多数人会认同前者而否认后者。比如，牛、羊等动物生肉的腥味或者腐烂的动物、植物之腐朽味，肯定是不会被人们认可为美的。因此，对于不同地域所形成的经典饮食菜肴，例如，鲜香、甜味，它们是具有普适性的共同之美的。甚至不同地域的一些经典菜肴，也颇有其独特的美，并为外地人所向往。今天人们旅游到各地，总喜欢去寻找一些当地的经典小吃，去品尝其独特风味，这也是由于各地饮食所散发出的独特味道和饮食之美的魅力。

图13 食物菜肴之一

第三是触觉美。

饮食之"触觉美"主要是指人们在食用食物环节所体现出来的一种身体感知的美。食物进入人口腔后，嘴里所产生的或酥软，或坚硬，或脆嫩，或绵实坚韧，或细腻，或粗糙，或冰冷，或烧灼等各种"口感"都具有触觉的美。食物吃进嘴里后，一是由味蕾所体验出的味道，一是由舌头、牙齿以及口腔整体对食物接触后所产生的触觉之美。食物进入口腔，和舌头、牙齿接触后，食物本身的温度和人体口腔温度相比，若低于人体温度就会感觉凉甚至冰凉，若高于人体温度就会感到烧灼或烫热。特别是如果入口的食物或茶水远高于人体的温度，就可能感觉很烫而难以忍受，当然也就不会感到美。

"触觉美"还可以在以手接触食物时产生。比如，一些水果、鸡蛋需要剥皮，一些面点如四川的叶儿粑、糍粑块、烧饼、汤圆、蒸饺等还需要用手去接触或用筷子去夹，人们在以手拿捏，以筷子或勺子去接触时，都会有触觉感。有的食物拿在手上就会有舒适的感觉，如西瓜、香蕉等水果，或皮蛋、鸡腿、大饼、烤肉串等；有的则没有舒适感，甚至比较麻烦一些。人们一定会对前者（手感好的）更为喜欢。又如，食物本身的软硬程度、纤维质感对牙齿的摩擦也会形成或坚硬、松软、脆、绵实、黏、光滑等各种感觉。食物的触觉感大体可分为"脆、硬、软、松、黏、柔、滑、绵、韧、酥、爽、温、凉"等。当然，这些触觉感还可能是复合性的，比如，又绵又黏，又滑又嫩，又脆又松，等等。特别是一些复合性的触觉感，让食物在与人的口腔接触时产生很丰富而美妙的感觉，这也是古往今来一些烹饪师不断改进食物制作方法，或运用特殊的原材料而形成的。这种触觉美就是厨艺的体现，是饮食之美的精华之一。

第四是嗅觉美。

饮食之美除了让人从舌尖上体会其美妙之外，还有一重要途径便是从嗅觉上实现。古人曰"闻香下马"，虽然词义主要指花香，但其吸引人的效果却是一样的。无论人或动物都有一种追逐香味的本能。钓鱼爱好者要制作各式各样的鱼饵以吸引鱼儿前来"上钩"，人类饲养动物（家畜家禽）如猪、牛、羊和猫、狗、鸡、鸭等，每天以饲料投放吸引它们前来食用，也是因为食物所发出的特殊味道吸引了它们。人类自身寻觅美食，也有追逐香味的本能。生活中我们熟悉的各种菜肴，还没端上桌前，食客往往都会先嗅到气味。特别是一些制作精美讲究的菜肴，更是很远就飘着香味，让人闻之垂涎欲滴，这就是饮食之味道美——饮食香味对人的嗅觉所产生的一种吸引力，我们称之为嗅觉美。

生活中很多食材（食物）都会发出其固有的香味，比如某类肉香、酒香、花香、果香、某种蔬菜的特殊香味等，它们对人类产生着固有的吸引力。而经过高明的厨师烹饪后，其香味更会对人形成一种强烈的吸引力。如果厨师在烹饪过程中佐以不同的香料调味，把酸、甜、苦、麻、辣、香等各种滋味与食物原始材料的味道混合，或形成新的滋味，或提升其原本的某种鲜香，或以猛火爆炒、慢火烘烤、蒸煮等形成的某种浓香、鲜香、清香、烤香、醇香等，都会对人类形成独特的嗅觉之美。有些食物经过特殊的制作方法，如发酵、长期存放、日晒、慢火炖煨等，其形成的味道对人的嗅觉将产生非常独特的感觉。一些食物用鼻子闻出来的味道与嘴巴品尝出来的味道还不一样，比如臭豆腐闻着"臭"吃着"香"，有的鱼虾闻着腥而吃着鲜香，这都是食物所独有的嗅觉之美。

图 14　食物菜肴之二

第五是"形""色"之美。

我们常说，一盘好吃的食物（菜肴）都是"色香味俱全"——不但能从舌尖品味其味道美，用鼻子嗅出其香味，用眼睛也能观赏到美。食物可以做成各种各样具有审美元素的形状。比如本来是圆形的南瓜、冬瓜，厨师为了使其具有造型美（或奇特的造型），以吸引食客，就把它们雕刻成某种稀有动物（或珍禽）；材料本来是动物皮肉，厨师却把它烘烤或烹制成水果形和工艺品形状；或者把肉类剁碎，塑造成其他形状，如珍珠丸子、狮子头；或切成薄片做成器物等。厨师让食材脱离了原有的形状，变成我们生活中熟悉的另一类物体对象。食物烹制后，既改变了形象，也体现了厨师们高超的手工艺。厨师把食品加工得如精美的工艺品一般，让人反复观赏，食客在食用食物时也感受到了造型艺术的审美功能，在饮食过程中体会到更多的审美享受。现今社会很多食物，特别是高档宴席中的食物，厨师在制作菜肴时都非常讲究其造型美。一盘普通的青菜萝卜和常见的肉食，经过加工造型后，其外形的美让食客体验到更多美的享受，自然，其菜品价值也就倍增了。比如一些寺庙里所做的素食宴，所用食材都是素食，如豆腐、青菜、萝卜、南瓜等，厨师通常都将蔬菜豆腐制作成各种肉类形状。本是素食，但做成的食物形状与色彩却犹如鱼肉、牛羊肉等荤菜一般，食客吃的是蔬菜，却有吃荤之感，从而起到了独特的审美效果。

　　除了"形"之外，"色"（菜肴食物的色彩）同样是饮食之美的重要元素。人们对于色彩美的欣赏是有些偏好的。比如中华民族对红色、黄色、橙色、白色这些颜色都比较喜好，因此在中式菜肴中，红、橙、黄这些比较明亮的颜色总是在饮食菜肴中备受人喜欢。食物调味品中的辣椒、花椒、酱油这些材料也是偏红和偏黄的，所以，很多菜肴为了更具有色彩美，厨师会适当加上海椒、酱油以"提色"。又如，川渝火锅的汤料之美也是闻名遐迩的，其麻辣红汤、牛油颜色都非常具有美感。当然，红色与白色、绿色的搭配，如果是比较纯净的颜色会很好看，如蔬菜中的绿色和其他的红、黄或白色的餐具搭配，都很醒目且美观。所以，在饮食制作中对蔬菜类食物的制作，厨师总是尽量保持其本色，炒、煮过程往往时间很短，这都是为了保持其原色，或使颜色搭配更为鲜艳明亮，完全如工艺品（或绘画作品）之颜色搭配一样，人们在食用时也可以既品尝美味又能观赏其色彩之美，这就更多地促进了饮食者的视觉和味觉之美。

　　第六是器美与境美。

　　这里的"器美"是指在饮食过程中由盛装食物之器具所体现出来的美感，"境美"则是指人们在饮食就餐过程中，由用餐环境布置所体现出来的特别的餐饮环境之美。

　　先说"器美"。

　　中国历史上我们的祖先制造青铜器、陶器、瓷器、漆器的技术特别发达，从美术考古中可知，目前在中国河北徐水区南庄头村、湖南玉蟾岩原始文化遗址中发现的陶器有一万年历史；河南新郑裴李岗遗址出土的陶器距今约八千年；公元前三千年（距今约五千年）人类进入了青铜器时代，目前发现的四川三星堆出土的大量青铜器距今约有三千六百年。我国的瓷器、漆器制作历史同样也非常悠久：商代即开始出现原始瓷器；到汉代，中国的瓷器、漆器制作技术已高度发达①。这几类传统工艺品（青铜器、陶器、瓷器、漆器）都主要是用于盛装食物的器具。早期的陶器是人们烹煮食物时普遍使用的器皿，青铜器大件（如鼎）主要用于祭祀，而大量的小器具（如鬲、甗、簠、豆）是用于烹调或盛装食物的，尊、壶、罍、盉、爵等都是酒器，盘、鉴等是用于洗浴和盛冰等，这些基本和盛食物有关。即使是大型的祭祀器青铜鼎，其实也是用来盛烹煮的牛羊等供神食用。后来的瓷器、漆器，也大都是人们日常生活中的食器，或烹煮食物，或盛装食物。这些器皿的形状、名称、种类非常多，其名称非常复杂，这里不便一一指出，但它们有一个共同点，那就是根据其功能的不同，人们在制造时设计出了非常优美的造型，其质地材料、颜色、花纹都非常讲究。它们直接代表了我国历代人们的美术（美化之术、制造之术）水平。一部中国美术史，其中大部分内容是由历代

---

① 李福顺. 中国美术史［M］. 北京：高等教育出版社，2010：1-2.

工艺品的制造与审美取向来构成的。而这些器皿又大都是人们生活中的食器，可见，历代人们在食器制作时是不断追求尽善尽美的。同时也可以说，人们在生活中对于饮食器物之美的追求是非常主动而强烈的。关于食器之美，我们还可以从当下生活中去充分感受。现今老百姓家里用的锅、碗、瓢、盆、杯、碟、盘、勺等各类器物都非常丰富，一般人家房中的用具都会多达数十件。而且，现今一个家庭特别是家庭主妇在选购日常食器餐具时，也都会很在乎其造型、颜色、质地，会用心考察其功能。因为，这些食器、餐具不仅要使用起来顺手、好用，还要符合我们自己的审美观。一日三餐，我们每餐都要接触到这些食器餐具，好看的颜色、造型，手感好的餐具材质，不仅让我们用起来得心应手，同时面对这些器具所盛装的食物，还会对我们的食欲产生极大影响。到餐馆用餐消费时可见，越是高档的餐厅，其餐具越是考究。比如，我们吃一碗最简单的米饭面食，如果是在街边大排档，虽然其食物分量很足，味道也不一定差，但餐具往往都比较简陋，当然环境也较差；而去高档餐厅酒楼就餐，或许食物的味道并无大的变化，甚至食材分量、内容还少，但其餐具一定会更精美，由此，其餐饮价格也会高出许多。其中，餐具的美就是其高档消费的内容之一。所以，追求餐饮器具美是我们日常生活中追求审美的一个重要内容。使用精美的餐具，其行为本身就是一种审美消费。

再说"境美"。

　　人们在饮食活动中的环境之美，也是饮食美非常重要的内容，它是指人们在饮食活动环节中所感受体验到的一种美好环境，从中可产生愉悦。

　　在人类建筑史上，当建筑技术达到一定高度后，人们便对建筑的功能进行了仔细划分，用于专门制作饮食的场所称为厨房，而食用食物的场所则称为餐厅。厨房主要用于烹制食物，厨房里需要有水，有火，有灶台，有锅、碗、瓢、盘、菜刀、铲、勺等工具，当然，因为有烟火熏陶，其环境一般都不会太美，但卫生、干净、方便是其必需的条件。食用食物的场所——餐厅就需要讲究环境之美了。人们用餐进食，一方面是维系生命活动所需要，但随着社会的进步，人们的饮食活动也是一种休息与消遣活动。在用餐时，除了食物本身的味道、香气、口感等质量外，其精神享受亦非常重要。这种精神享受主要来源于人们用餐时对环境的感受。比如餐桌的大小高低、材质与造型，周围环境的布置，房间墙壁的色彩、灯饰、摆件等，甚至还包括一同进餐的陪伴对象、室内气温、音响，以及一同进餐时人与人之间的谈话内容等，都构成了用餐的环境（氛围）之美。现今一些老百姓都会将自己家里的餐厅布置得非常讲究。比如餐桌、餐椅的选择和餐厅灯饰，墙上的挂件，绘画装饰以及周围的餐柜、酒柜等布置安排。这样，当我们用餐时，这种美好的环境就是一种生活美的享受。特别是外出就餐时对环境之美更为注重。无论中国人还是西方人，请客招待、答谢亲朋好友、贵客、来宾，是一种很常见的社交礼仪交往手段。请客最主要的内容就是宴请（共同享用食物），请客要在专门的酒楼（饮食场所）进行。为了使被请的对象满意及获得尊重感，人们宴请客人往往都要选择高档的酒楼，而高档酒楼最重要的标志就是环境美，次要的才是食物、菜肴的美味。为了招待好客人，主人总是要精心挑选最美的饮食环境。而这些美的饮食环境，往往要在房间布置上尽量追求宽敞明亮和自然之美，或幽静有山林之气，或富丽堂皇高端大气，或有轻歌曼舞与优雅琴声相伴，或者位居高台，能登高望远、眼观八方之气派。比如中国皇家园林颐和园的"听鹂馆"，杭州的"天香楼"，苏杭的画舫，以及许多城市中的高档酒楼、现代旋转餐厅等，这样的环境，让人在饮食中既可享美食，品食物之味美，又可观远景和美景或独特的风景，或如置身于世外桃源般幽静，或如登临泰山而小天下之气派，眼中尽收街景之美，使小体积的食物与大千世界相映成趣，从而在用餐中体会到各种风景、场所呈现出的环境之美。美食加美景，让人从味觉到视觉，从生理到心理都能感受到丰富的美，感受到饮食活动带给人的丰富奇妙之美。

二、茶酒之美

饮食美的另一内容是茶酒之美。

"饮食"之"饮"主要是指饮酒、饮茶，把"饮"字放在

"食"字前，古已有之，可能并不是因为叫起来顺口，而是按其意义和文明程度来称呼的。"食"虽然是维持人生命的重要活动，但在物质文明发展到一定程度后，"吃饭"维系生命与获得能量是一件比较简单的事。一日三餐是我们任何人每天都要不断进行和重复的事，它留给人的记忆就不如饮酒、饮茶那么深刻了。饮酒、饮茶虽然并不是维系人生命的必需活动，但由于其特定的目的与意义，特别是在中国文化中，饮酒、饮茶被赋予了丰富的文化内涵，赋予了很多社交礼节内涵，它们会更多地被人记忆和重视，其社会性目的和意义也更为重要和雅致。所以，在"饮食"一词中，"饮"被放在前面，而"食"被放在后面了。从最初的甲骨文造型看，"饮"字就犹如一个人靠在容器上以管子吸水。当然，盛在容器（坛子状）里的东西，一是去河里、井里装的水可以饮用，另外应该就是后来我们生活中可以天天饮用的茶、酒一类液体。再推而广之，现代人类还制作有果汁、咖啡等各种饮料，都属于"饮"的对象。不过，果汁、咖啡等各种饮料是社会发展到后来的事。人类最早所常饮的对象除了水以外，最主要的还是茶水和酒水，并由此形成了悠久丰富的茶酒文化。

先说说饮茶。

中国人饮茶的历史非常久远，有记载的是在唐代开始广泛流行，而此前的晋代也有关于文士饮茶的活动记载，或许更早前亦有。"茶"是由一种专门的植物（茶树）嫩叶制作而成的一种饮料。人们将茶树上的嫩叶采摘下来，经过各种加工程序，炒（晒）成干叶，或压碎、压成饼，需要饮用时，以热水浸泡而成。今天的研究者从茶叶中研究分析得知，茶叶中含有丰富的咖啡碱、茶碱、胆碱、黄嘌呤、黄酮类及儿茶素、茶鞣质、酚类、醇类、醛类、酸类、酯类、芳香油化合物、蛋白质、氨基酸，以及钙、磷、铁、氟、碘、钼、锌、硒、铜等数十种微量元素。这些成分对人体健康非常有益，人们饮茶后，不仅气味芳香甘甜，能让人生津止渴、清热解暑，也能化痰、去腻、减肥、降火明目，还对很多现代疾病如心脑血管病、癌症、辐射病以及心理疾病都有多种疗效。所以，自古以来人们就认为饮茶既能健康长寿，又能治理当下的一些生理不适。比如饮酒后醉酒，人们认为饮茶就能解酒力；当吃了很多肉的时候，饮茶能解腻或消食；夏天暑热或饥渴后，饮茶更是立竿见影，生津止渴，神清气爽。每当人们感觉疲乏后，如果饮下一杯清香的茶水，立刻就会精神倍增。所以饮茶的功效实在非常多，这也是人们喜好饮茶的原因。不但饥渴时要饮，疲劳时要饮，朋友交往、闲聊时要饮，个人闲暇时要饮，无聊时亦可以饮茶疏解压力、消磨时光。特别是朋友间交往时，往往离不开饮茶，既有益于身体，也有良好的环境相伴（因为专门的饮茶都颇讲究环境，后文还将专述），实在是非常高雅的事。自古以来文人士大夫就喜欢诗、酒、茶相伴，"禅茶一味"。历史上也留有许多文人与饮茶的故事，以及不计其数的关于饮茶的诗。不但饮茶是美好的，当我们读到这些与饮茶有关的诗时也是十分美好而令人神往的。比如唐代诗人元稹那首著名的《宝塔茶诗》，就把茶叶的前世今生、美好形态、美妙功效与意境描绘得尽善尽美，精妙而又非常雅趣。

茶

[唐]　元稹

香叶，嫩芽，

慕诗客，爱僧家。

碾雕白玉，罗织红纱，

铫乾黄蕊色，碗转曲尘花。

夜后邀陪明月，晨前命对朝霞。

洗尽古今人不倦，将至醉后岂堪夸。

　　还有如唐人卢仝的《走笔谢孟谏议寄新茶》一诗，对饮茶的功效与各种奇妙的感受也进行了淋漓尽致的描写，"……一碗喉吻润，两碗破孤闷。三碗搜枯肠，唯有文字五千卷。四碗发轻汗，平生不平事，尽向毛孔散。五碗肌骨清，六碗通仙灵。七碗吃不得也，唯觉两腋习习清风生……"这种不厌其烦的描写，把饮茶中各种功效与境界都做了十分形象生动的描绘。虽然是诗人的文学性描写，但其实也是饮茶中各种真情实感的表达。饮茶的功效如此多矣！历史上还有若干关于描写饮茶之美的诗句、文辞，这里就不一一列举了。有一点可以肯定的是，历代诗人、文士都好饮茶。诗、酒、茶相伴，往往就是文人最喜好、也最常见的生活。很多文士不但好饮茶，甚至还亲自种茶、采茶、制茶、研究茶。大诗人白居易一生嗜好茶，他不仅品茶赏茶，在游江西庐山时，因为极爱其山水流泉之美景，他还专门在当地修建一草堂居住下来，并在附近开辟一茶园。其诗曰："长松树下小溪头，斑鹿胎中白布裘，药铺茶园为产业，野鹿林鹤是交游。"（白居易诗《香炉峰下新置草堂，即事咏怀，题于石上》）这种文人闲居、种茶采茶、自作自饮的生活方式，可以说是无数文人士大夫所羡慕追求的神仙生活。

当然，在制茶特别是饮茶环节中，是具有多种审美元素的。我们只说说饮茶之美。千百年来，茶水的冲泡与饮用既是一种实实在在的饮用过程，也是一种生活美学（饮茶之中所呈现的审美）。日本人早已就茶水的冲泡饮用称为"茶道"（指泡茶饮茶含有一系列的技法、方式与要求），中国人同样很早就形成了特定的一些泡茶饮茶仪式与程序。日本茶道有一些既定的程序与要求，比如茶叶要碾得精细，茶杯要干净，水要达到特定温度。而中国的制茶技术更是非常考究。同样的茶树叶采下来，经过多种不同工序，可以制作成红茶、绿茶、花茶、黑茶、白茶、砖茶等不同品种；不同地域的茶叶在中国形成了若干品种（品牌），比如福建安溪铁观音、四川峨眉毛峰、湖

南君山银针、云南普洱茶、浙江西湖龙井等，这些品种的茶叶
制作工艺技术可谓博大精深。有的技术乃是从古至今代代相传
的秘制技术。制茶过程中，从采茶到炒茶、晒茶，再到包装，
都有十分讲究的程序，同时也包含着众多的审美元素。仅仅是
采茶环节，历史上围绕采茶姑娘就有很多美好的传说或歌谣。
在冲泡茶水过程中，茶具既要干净，同时根据不同功效与审美
需要，茶具也有很多优美的造型。中国陶瓷工艺中专门针对茶
具而形成的紫砂壶技艺，就足可称为一门高深的艺术。江西景
德镇的薄胎茶具、江苏宜兴的紫砂壶制作都闻名世界。一把好
的紫砂茶壶价格不菲，数十上百万元也不为过。现今一些陶瓷
博物馆还专门对这些工艺精湛、艺术性高的茶具予以展示。可
见，由茶具已衍生出十分高雅的工艺美术，它们也是中国茶文
化之美的重要体现。

再说说饮酒之美。

中国的酒文化可谓博大精深。民间俗话说，"无酒不成
席"，可以说，如果没有酒也就没有饮食文化。饮酒之所以重
要，在于它是中国礼仪制度的重要载体。《礼记》中说，"酒
以成礼"。在中国古代社会，绝大多数隆重的礼仪行为和酒有
关。无论是祭祀天地、孝敬长辈，还是祈雨求福、降魔避灾、
庆贺风调雨顺、庆贺丰收季节和重要节日等活动，都离不开酒
的参与。所以，中国古代的礼仪官就称"祭酒"。在常见的重
要节日庆典与祭祀活动中，或由祭酒（司仪官），或由皇帝，

图15　茶具之美

或由主持活动的重要官员，将祭奠、祭祀的酒水洒向天空，洒向大地，或洒向神灵牌位前，以酒水敬献给尊贵的上天、神灵，或先祖、鬼神。在古代礼仪活动中，酒水就是向神灵敬献的一种重要贡品，并由此形成了一种观念——酒水是敬献给所尊敬崇拜的对象的。于是，在中国古代社会也就形成了敬酒的习惯和礼仪。《汉书·食货志》中说："酒者，天之美禄，帝王所以颐养天下，享祀祈福，扶衰养疾。百礼之会，非酒不行。"除了敬神灵、天地之外，酒是敬献给尊贵的对象所饮用的，于是，在日常生活中也逐渐形成了敬酒待客、谢客的礼仪。凡有尊敬的客人，必以酒敬献之，于是，在中国社会中，不论是宫廷大型盛宴，还是老百姓家庭小聚，无论是特别的纪念活动，还是逢年过节，无论是重要宾客的迎来送往，还是老

百姓生活中各种值得庆祝、庆贺、纪念或者答谢的人和事，人
们都会以"酒（敬酒）"来实施。在各种宴席上，人们会以
敬酒来向客人、长者，向所要表达祝福、表达谢意的对象表示
心意。官方和民间的各种宴席，最精髓的环节都是敬酒。所以
说"无酒不成席"。如果没有"敬酒"这个环节，人们即使聚
在一起吃饭、吃菜肴，与我们现今在学生食堂吃饭（仅仅是坐
在一起而无交流、无任何主题交谈）也没有什么差别。所以，
敬酒这个环节是请客吃饭、举办国内主题宴会的核心部分。不
仅是一般的中国民间宴会如此，在当今的国际社会，各国政要
交往、举办大型国际会议和大型的团拜会、商务活动、艺术展
览活动等，往往也都有敬酒这个环节。

图 16　饮酒场景之一——《韩熙载夜宴图》

　　在大型团拜会、商务交往、国际交流活动中，参会者聚在
一起，即使没有菜肴而只有简单的瓜果，主办者也会有"敬

酒"这个环节以示隆重和表达敬意。所以"敬酒"是人类社会交往中最常见、也最重要的一种礼仪行为。正因为它是一种礼仪行为，所以，无论是官方的大型宴会，还是民间的普通聚会、朋友雅聚、婚丧嫁娶、拜师升学等各种宴会，人们入席就要讲座次，敬酒就要讲顺序，包括敬酒的数量（杯数）也有规矩。无论古代还是现代社会，人们在酒席上的座席位置，敬酒的先后次序以及动作行为也都有约定俗成的规矩。彭琳在《中国古代礼仪文明》一书中谈及，在三千多年前的周代时，中国即有较为完整的地方教育体系——乡学、州学，地方官员为了体现尊重人才和向上级政府举荐人才，就要去乡学、州学中与贤能之士（优秀学生）进行饮酒，实施"乡饮酒礼"，并有谋宾、迎宾、献宾、乐宾、旅酬、无算爵乐、宾返拜等一系列礼节。而在这种"乡饮酒礼"活动中，也就有宾主座位的固定位置安排。所谓谋宾，即是以德行水准来商议（确定）出"宾"的人选（即确定请客对象），最重要的为正宾（主宾），其次为介（次宾）。在位置安排上，主人（请客者）坐在东南方，宾（主客）坐在西北方（自古以西北方为上方）。今天，人们宴请几乎沿袭了这个习惯。凡举办宴会，先要确定主要宴请的对象（即主宾）。在宴席上也是主宾的位置最高。比如一般宴席都会把正面向大门的位置称为主宾位置，而留给最尊贵的客人。特别是今天的中国北方（如山东、河南一带），在宴席上，主人、客人（客人中又分主宾、次宾）、陪同的助手等都有十分严格的座位顺序。在进入宴会环节后，首先是主人向客人敬酒，其次是宾客回敬主人，在这之后是轮流敬酒。在今天中国大部分地方仍然沿袭这种习惯。比如在四川一些地方，宴会开始时，桌上由主人及主宾共同向大家敬酒三杯，其后再是主客之间以及每位就座的客人之间轮流敬酒。有的地方，每逢敬酒都是以三杯为一组，且敬酒的顺序一般都是以客人的长幼和尊贵级别顺序进行。在敬酒中，还有一系列的祝词以及敬酒令。酒过三巡以后，进入比较热闹的环节，主客之间和客人朋友之间还会行敬酒、猜拳令，以便敬更多的酒，把整个宴会推向高潮。在酒席将要结束时，还会有总结性的敬酒，如此等等。在中国的宴席（人们往往也称为"酒桌"）上，一般有众多的饮酒礼数和敬酒程序。在敬酒中还要很好地表达祝酒词（主要是各种表示敬意、谢意的言辞），以便让受敬者几乎不得推辞。所以在中国宴席中，敬酒词还要理由充分、言辞恳切，才会让客人饮更多的酒。在宴席中能使客人饮酒更多、更尽兴，也是宴席的主旨。为此，宴席上的敬酒人（也称陪酒）要善于察言观色，找到各种理由作为敬酒词，这也是一种必备的本领。只有言辞中肯、理由充分，才会使被宴请者不便推辞，更多、更尽兴地饮酒，从而实现"请客"和表达谢意的目的。所以，宴会上敬酒、表达祝词也是中国酒文化中的一项重要内涵。在一些大型宴会中，为了增加饮酒和喜乐氛围，席间往往还要配乐，演奏乐曲和表演舞蹈，古人宴席间还有舞剑助兴的习惯，这都是为了烘托酒席上的环境氛围。今天，一些大型宴会上也都还保持着奏乐、歌舞等习俗，一些高档餐厅一般有钢琴、古筝等伴奏活动，令酒宴环境更加优美。

饮酒之美还表现在饮酒者内在的生理享受与心理感受之美。酒水对人的身体有舒筋活血、消除疲劳、增进兴奋感之功能，所以，从古至今，普通老百姓在劳动之余亦喜饮酒。适量饮酒后，人会感到血脉通畅，特别是疲劳后适量饮酒会直接带给人身体上的舒适感。一些高质量的酒水（无论白酒、红酒、黄酒）在口感上也都有较好的香味，让人在饮用时产生美好的味觉。俗话说"酒香不怕巷子深"，实际上好酒所产生的香味会飘散很远，从而以气味来吸引人，带给人以嗅觉上的舒适感。从古至今很多人都有嗜酒的习惯，主要便是因为饮酒时人产生的味觉之舒适感，以及对身体机能的调节，让人身体产生舒适感和产生美好之状态。

另外，因为酒水中的酒精所特有的催化兴奋作用，饮酒到一定程度后会让人精神处于高度兴奋状态。人们饮酒到一定程度后都会"醉酒"，而"醉酒"后会带给人特别的心理状态，大部分人会产生幻觉和特别兴奋，或感觉特别自由，不拘一格，使人对平常的礼节约束和过度的理性产生叛逆，冲破理性，从而处于无拘无束、自由无羁的状态。所以，但凡"醉酒"之人往往会表达人内心最自由真率的一面，所谓"酒后吐真言"。当然，因为酒的这种催化作用，一般人对于那些因醉酒后所表达的非理性的言行多表示理解、宽容和原谅。这也体现出人性宽容大度的一面。很多人对于饮酒后身心所产生的这种自由快乐十分向往，因而有"贪杯"之说。从爱好饮酒者来看，酒对人的兴奋催化作用让人快乐，让人自由无拘无束。平时的烦恼不用再想，忧愁不用再顾，理法不用再拘束，这种暂时的自由快乐让人向往。古人享受饮酒快乐最经典的当数唐代大诗人李白，喝到半酣后，"天子呼来不上船，自称臣是酒中仙"（杜甫诗句），其完全的自由自在，不再顾及平常的理法约束。而魏晋"竹林七贤"饮酒追求自由快乐和解脱，更是广为世人知晓。"竹林七贤"中饮酒最具盛名的阮籍，为饮酒不求高官，以饮酒六十日长醉不醒而躲避司马氏的政治联姻，其看似醉酒，实则是他处世的高明，这种以"醉酒"来"婉拒"的行为让对方无法责怪他。这也是身处乱世中的文士处世之妙招。另外，由于酒的兴奋催化作用，饮酒对于文艺创作亦有催化作用。"李白一斗诗百篇""张旭三杯草圣传"，怀素的"醉来信手三两行，醒后却书书不得"，王羲之酒后写出"天下第一行书"兰亭序等经典故事和诗句，都揭示了自古文人好酒的原因。特别是诗人、书画家往往在酒过半酣后，精神异常兴奋，文思泉涌，妙语连珠，更能创作出意想不到的佳作来。李白因好酒，凡饮酒之后必作诗，导致其诗作数量巨大；而书法家中的唐代草书圣手张旭、怀素，皆因饮酒过后所写出的狂草更为惊绝；传说王羲之酒过半酣后现场写成的《兰亭序》，待他酒醒后反复再写，却达不到原来的效果。因此，酒被认为是文艺家创作的重要催化剂。另外，《水浒传》中武松景阳冈打虎，也是因为饮酒后"艺高人胆人"，反而趁着酒性打死老虎，干了平时清醒状态下所不能干或不敢干的事。这些都是关于饮酒之美的美好故事，也可以说是中国酒文化中的美谈。

饮食美的审美特征

从前所述，我们大体可将"饮食之美"总结为四个方面的主要审美特征，即功能之美、味觉之美、视觉之美和礼仪文化之美。

第一，功能之美。

饮食首先是维系人的生命之需，它具有充饥、补充能量、解渴、补充水分、提振精神、保证人体健康的基本功能，这些功能既是人体所必需的，是人类正常生活维系生命并保持有健康旺盛的生命力所需要的行为功能，符合"美"字最原始的意义，即"羊大为美"。这些行为功能对人非常有用，人类都离不开它们，因此是人的第一需要。包括饮茶，人类最初的"饮"应该是饮水，后来才发展为饮茶。饮茶的实用功能仍然是为人体补充水分。所以，人类的诸多活动对人类自身来讲，如果只有一个选择，肯定首先就是饮食。人类如果缺乏食物（包括饮水），只有"死路一条"，所以，在人类眼里，功能之美是饮食活动中最重要也最原始的美。

第二，味觉之美。

前文已经在"食之美"中阐述了食物（菜肴）对人的味觉所产生的美。实际上，无论是食物（各种精美的菜肴）还是茶水酒水，都具有诱人的味道之美。当人们吃在口里，各种适应人口味的酸、甜、苦、麻、辣诸多味道对人的味蕾形成影响，所产生的"味觉美"，当然还包括食物散发出来的味道对人鼻子形成的刺激，对人的嗅觉形成影响的"嗅觉美"。这些人能适应的各种味道，共同呈现了食物所具有的味道之美，让人类久而久之对其形成依恋（汉语中有个词语叫"贪食"，其实就是指人对食物的特别喜好和贪恋），反之，如果味道不美，是不可能如此的。前面已经说过，人类的食物经过高明的厨师的烹饪制作，都会呈现出各种迷人的口味，让人对这些食物赞不绝口，吃过的还想吃，闻过的好味道沁人心脾，回味无穷，让人"闻香下马"。特别是当人饥饿后对各种食物的香味都会特别喜好，即使是没加任何作料（调味）的大米饭、面条和各种水果的原始滋味，也都会让人觉得味道特别美好。

除食物之外，前文还谈过各种茶水、酒水也有其独特的香味。无论是喝在口里，还是通过闻气味都会有香味。实际上，在品茶、品酒过程中，就有一种专门的环节是闻香——把茶杯、酒杯端近，用鼻子慢慢闻，慢慢品味。所以各类食物、茶水、酒水，通过其特有的味道对人形成影响，人如果能适应其味道，久而久之就会喜欢。比如酒水的味道，初次给婴儿或没有喝过酒的人品尝，一定会是非常刺激或者难忍的。但久而久之，如果形成习惯，则反而会对其味道越来越喜欢。事实上，各类食物、茶水、酒水的味道非常繁多，对人类来说也是最丰富的审美体验，所以，饮食之味觉美（也包括通过嗅觉实现的美感）是其非常重要而突出的审美特征。

第三，视觉之美。

饮食之美，不仅有实用功能之美，有满足人味觉、嗅觉之美，也有视觉欣赏之美。前文亦说过，食物的制作都会讲究"色香味俱全"，各种菜肴，无论蒸、煮、炒、卤、炖，都讲究菜品的颜色之美。特别是一些蒸菜、卤菜、红烧菜、水煮菜等，为了达到某种好看的颜色，还需要以某种作料来"提色"，使之更鲜艳亮眼。很多凉菜类食物，也讲究色彩的搭配，甚至雕刻、做造型，这就是为了使菜肴更具有观赏性，更具有视觉之美而做出的技艺举措。人们品茶时，无论红茶、绿茶、白茶、黑茶，好的茶叶还需要有好的泡茶工艺，要以适当的水温和适当的时间，这样泡出来的茶水，汤色也才更加亮丽。一些好的茶水，如红茶红里透黄，又如绿茶碧绿澄澈，晶莹剔透，如脂似玉。即使以眼睛观赏，也非常具有美感，更会增加对人的吸引力。饮酒亦然。一些喜好饮酒的爱酒人士，通常在赞美一杯酒时说，不仅入口绵软、醇厚、芳香（中国白酒通常分为浓香型、酱香型、清香型、芝麻香型等），而且观看起来，不同的酒亦有不同的成色。好的陈年老酒，有"挂杯"的表现，即酒质浓醇，并已有泛黄的颜色，其他如红酒、黄酒等更是有颜色的差异。总之，不论食物（菜肴）、茶汤、酒水，好的对象都是具有观赏之美的。

第四，礼仪文化之美。

饮食本为人类日常生活所需，经过千百年发展却成为一门艺术。另外也有"饮食文化"之说。说它是一门艺术，主要是其各种制作技术不仅高超，同时还有不断探索发展和审美的功能，正如前文所说，各类饮食（菜肴）、茶、酒等，既有色、香、味之美，又有必备的实用功能之美；既能满足人类生存，维持人的生命活力，同时，在维系人生命活动中又达到了审美的享受。此外，数千年的社会发展，饮食在满足实用功能的同时，人们还赋予其各种人类交往的礼仪习俗。比如，吃饭变成宴会，并加入饮酒活动，使其成为人与人交往的非常重要的一种情感交流方式。人们在享用餐饮时，也完成了人与人之间情感的交流；饮酒、品茶，不但是补充水分、维系人生命的物质能量供给方式，更是人类礼仪交往的主要载体之一。而且，在举办各类宴席，与不同人物对象进行饮酒、品茶过程中，还有十分繁缛的程序，承载着非常丰富的社会习俗礼仪，从而演变成一种文化。在中国的饮食文化中，无论盛大宴会，朋友聚会，还是商业洽谈，品茶饮酒，都是庆祝活动，都表达了各种美好的情感。如传统祭祀、婚丧嫁娶、商业庆典、节日庆贺、慰问答谢、闲聊联络感情等，主办方或受邀请一方，双方所表达的都是中国传统最美好的伦理道德情感，比如庆贺、祝愿、祈求、答谢、联络、交流了解等，都具有积极的、健康向上的意义。特别是其中的一些程序与环节，如祝酒词、敬酒词、献菜、献茶，以及菜肴、茶、酒的制作工艺，都是具有美感的，它们既承载了中国传统文化中的美好意义，也体现了中国传统文化中最美好的人伦道德形式，更富有中国传统文化礼仪之美。

三、如何发现饮食茶酒之美

关于饮食之美，前文已列举了众多内容，人类饮食活动也有各种各样的美的呈现。生活中我们如何去发现和体会饮食之美呢？我认为：

第一是要热爱生活，用心去体验感悟生活之美。前文也说过，饮食虽然具有让人充饥解渴、维持生命之实用功能，但随着社会的进步，人类生活水平和文明程度提高，饮食更是人类之间交往情感、休息娱乐的一种行为。现今社会不论是家庭聚餐还是社会交往，饮食都是调节人们生活，充实人生活的一种手段和方式。人生活于社会，不只是为了维系生命，还有更多有价值、有意义的事情要做。社会交往特别是庆贺礼仪等行为，就是我们生活中非常精彩的内容。所以，我们要不断充实自己的生活，不断扩大社交面，不断发现体验到人生的意义，认识、体验饮食之美就是重要方式与途径。反过来说，要认识体验到饮食之美，只有把饮食美作为享受生活的一种方式，积极去拥抱、热爱生活，才能更好地发现和体会到饮食之美。

第二是要用心，要带着审美视角去看待生活中的各种饮食。随着社会的进步与生活水平的提高，今天的很多饮食制作技艺都非常讲究而高超，也有诸多美的元素。在日常生活中，我们要用心、用情去发现各种对象的美，包括各种饮食，无论色香味，均有丰富的美。我们在享用时要用心用情去发现，去体验，才会更多地感受到饮食之美而不是麻木不仁，或者仅仅把饮食作为补充能量的过程。法国著名雕塑家罗丹曾说，生活中不缺少美，而是缺少一双发现美的眼睛。同样，对饮食而言，我们在享用时也要用心慢慢品尝，才能品出更多的饮食之美。

第三是适度享用而不是过度享用。饮食于人身体是有一定承受量的。比如一个人的食量取决于胃的容量，酒量取决于人体对酒精的吸收与转化。饮食亦然。每个人对于饮食都有一定的"量"，凡是适量饮食，身体就会舒适，反之，则会伤身。所以，在饮食活动中我们强调适度适量，身体才能很好地接受。对人而言，舒适的才是美的。反之，过量饮食让身体极不适应，也就不美。所以，要充分体验认识到饮食之美，就必须在一定范围内去感受，才会充分地品味到饮食之美。

第六章

诗文书画之美

一、概说诗文书画

从狭义讲，"诗文书画"主要是指中国传统的诗歌、散文、书法与绘画（主要指国画），而从广义讲，其范围既包括中国传统的文学艺术，也包括传统的书法绘画艺术。当然，还需要补充一下，我们常说的诗歌、散文、小说等文学体裁，狭义属于文学，而从广义来讲都是艺术。所以，文学类各种体裁如诗歌、散文、小说、剧本等，其实可以统称为"艺术"。因此，这里所说的"诗文书画"可以泛指中国传统艺术。

书画艺术作为最具有中国传统特色的艺术，当然也是一种文化，是当之无愧的中国传统文化的代表。尤其书法更是中华民族所独有的一门艺术，是由汉字书写演变成的一门艺术。在世界众多文字书写中，只有中国的汉字书写演变成一门书写艺术，同时它也涵盖了中国传统文史哲诸多元素。书法书写的是文学体裁（诗歌、散文等）内容，其审美深受传统哲学思想的影响，并和中国历史结合得非常紧密。"诗文书画"也是中国传统文人所普遍喜好和擅长的一种技艺与修身养性的重要方式。几千年来，中国传统文人写诗填词写文章，用毛笔书写优美的汉字（书法），寄情山水，摹写自然，以毛笔墨水作画已成为一种必备的技能和本领。所以，我们这里所说的"诗文书画"既是中华传统文化的代表，是近年来党和国家大力倡导推广传承的优秀文化，是我们文化自信、民族自信的一种载体和依据，是文化人（随着当下全民文化素养的提升，这里的"文化人"也可以泛指有文化的人民大众）个人修身养性，乃至齐家、理政的一种必备技能（比如写作能力就是当下人们从事各种行政事务工作必备的一种技能），也是人们休闲娱乐，充实业余生活的一种重要活动与行为。特别是今天，社会物质文明高度发达，人们可以有大量时间和精力投身于业余休闲活动，精神生活越来越重要。在党和国家大力开展精神文明建设进程中，传统的诗文书画既有利于陶冶净化人的心灵，提升人的修养，提高人们的生活质量和社会文明程度，同时也是传承中华优秀文化、推动文化教育事业发展的一种方式，在社会生活中具有非常重要的作用。当然，"诗文书画"虽只有四字，看似简单，但它所涵盖的具体范围和内容却非常广泛。为了更好地梳理和介绍其发展历史、主要内容、审美特征等，使读者朋友更好地理解和欣赏以诗文书画为代表的中国传统艺术，这里分诗文、书画两个部分来叙述。

（一）诗文

前文已言，这里的"诗文"主要指中国文学中的主要类别体裁：诗歌和散文。小说、辞赋、剧本文学等暂不在此叙述。

诗歌是最古老的一种文学形式，它是以最为简练而有韵律、有节奏感的文字（语言）来表达人们思想情感，描绘生活或自然界中各种对象、各种行为的文学体裁。诗歌语言非常精练，读起来朗朗上口，音节亦十分有节奏感。传统的五言诗、七言诗（绝句、律诗）一般多为 20~56 字。比如最常见的五言绝句"白日依山尽，黄河入海流。欲穷千里目，更上一层楼"（唐 王之涣《登黄鹤楼》）、"床前明月光，疑是地上霜。举头望明月，低头思故乡"（唐 李白《静夜思》）这些人们耳熟能详的古诗，句式工整，言简意赅，声调、读音也很有乐感。前 10 字写景，后 10 字表情，无论是写自然景色之美，还是表达人类对工作事业、道德情感、家国情怀等各种丰富的感情，都可以淋漓尽致。其文字读音也非常有节奏和韵律感，前一首句尾的"流""楼"，后一首句末的"光""霜""乡"都非常押韵，前后句每字的音调高低，以及中国诗词楹联中特别讲究的"平仄对仗"（这是一个比较专业的话题，不能展开叙述，有兴趣的朋友还可专门去学习诗词楹联写作知识，方知其更多奥妙），这些都充分展示了中国语言文字的精辟与生动，展示了中国语言文字的表达艺术。诗歌中最短的仅有几个字，即使是长诗也不过几百字。总体看，其文字非常精干，但所表达的内容、意境却非常丰富，世间各种事物、对象，人类各种行为与情感都可以通过诗歌来表达。

散文则是直接记叙事件发生过程与结果、说明情况与内容、抒发作者要表达的情感，以直接、平实的语言进行表达的一种文体形式。具体还可分为叙事散文、抒情散文和议论文。从某种角度说，除了诗歌以外，所有的文章形式如日记、说明文乃至剧本、小说都可归入广义的散文范畴，所以，诗歌、散文基本代表了文学的主要形式。与诗歌文辞简练、句式工整的特点不同的是，散文句式较自由，可长可短，不要求押韵，和人们平常说话一样，可简可繁。内容表达方面，既可以只说某一事物对象和单一的一种情感思想，也可以表达较为复杂的人物、事件和思想。一花一草，飞禽走兽，或一人一物，时间短至某一瞬间，或长至数年、数十年、数百年的某事、某物，都可以描写、叙述、感怀。所以，散文表现题材广泛，内容丰富；语言形式灵活，文白皆可，不拘一格。散文既可以记录真实发生、正在或已经发生的事件，描写实实在在的景观，也可以由此及彼，或思念某人某物表达喜怒哀乐，或感悟人生赞美真善美的人与事，或揭露假恶丑的现象与故事；散文字数短则数十字，长则数万言均可。总之，散文表现题材十分广泛，内容丰富，语言质朴平实，句式灵活，是中国文学中一种重要而又广泛多样的表现形式。在中小学课本中，散文是学生阅读最多的一种文体对象。比如，鲁迅《纪念刘和珍君》，朱自清《荷塘月色》，陶铸《松树的风格》，刘白羽《长江三日》，茅盾《白杨礼赞》，巴金《海上的日出》等，这些都曾是我们反复阅读并留下深刻印象的现代散文名篇。同时，散文也是人们在日常生活与工作中广泛使用的一种文体。生活中我们天天可以记录书写的日记，阅读书籍后所写的读后感，工作中的公文请示、报告、批复稿件和工作总结、规划，朋友间交往的书信等，其实都可以归入散文的范畴。特别是书写这些文稿所采用的直白记录、归纳总结、叙述事件、感情交流等语言文字，都是散文书写的常用方法，也是从事文书工作所应当具备的写作能力。所以，散文这种文体与写作方法，在我们工作与生活中的方方面面都会涉及，它与人们的工作生活联系十分紧密，也可以说是我们工作生活中不可或缺的一个对象。无论是从实用写作角度看，还是从阅读接受环节看，对每个人来说都不可或缺。

（二）书画艺术

书画艺术是中国传统艺术的代表，也是中国传统文化的重要组成部分。具体还可分为中国书法与中国画。

中国书法是书写汉字时采用特殊的工具——毛笔和墨汁、宣纸，对汉字的结构形态（造型）进行特别的表现，并以中国文学中的"诗文"（诗歌、散文）这种载体来表达人们思想情感的一门艺术。

150

因为书法是书写汉字的艺术，人们在生活中记录事件、交流情感、表情达意等活动中都需要书写汉字，所以其使用频率很高。加之书法是按照一定技法与规则将汉字形态写得更加优美，更加具有个性风格和审美效果的艺术。所以，书法深受百姓大众的喜欢，是最为大众化的一门艺术。也正因为书法艺术的实用性和艺术性融为一体，在人们的生活与工作中，时时刻刻、处处都有书法艺术的存在和参与。中国历史上留下来的书法经典作品，如王羲之、杨凝式、苏轼、米芾、黄庭坚、赵孟頫等人的书法作品，其中很多就是这些文人朋友间往来交流的书信。同时，因为社会中发生大事需要记录在牌匾上、山崖石壁上以永久保存，流传后世，或在中国古代社会丧葬习俗中，后人为了给前辈纪功立传，记载生平而采用刻石、刻碑行为，所以产生了大量的石刻碑刻和金石碑刻书法艺术。书法在人们生活中非常普及，无论是作为书法创作表现，还是书法作品欣赏，它们都和人们的生活联系得非常紧密。

书法与中国传统文学艺术——诗歌、散文结合得非常紧密，书法作品所写内容往往都是传统经典、优美的诗歌散文，书写者借助诗文书写来抒发情感，也是一种很好的艺术表现方式。中国历代文人墨客大都非常喜欢书法且书法水平较高。无论是写作文章，还是日常工作、生活消遣或表达闲情逸致，书法都是文人雅士非常喜好且比较常见的一种表达方式与途径。同时，因为中国书法艺术所特有的笔墨表现技法，以及情感表达、风格展示、美感表现等方面的特性，使书法艺术成为人们提高文化修养（会写书法），表达闲情（书写性灵），磨炼意志、心智与毅力（书法需要不断练习技法）的一种手段。所以，无论是从实用角度还是从审美角度，以及从提高人的艺术修养和审美能力、修身养性、陶冶性情等多方面作用来看，书法都具有十分重要的作用与意义。

正因为书法具有如此多的功能与意义，今天，随着人们物质生活水平的提高，学习书法的人越来越多。加之书法学习的门槛较低，只要能写汉字，稍加学习，初步掌握毛笔等书写工具的使用方法，对照古人所流传下来的一些经典碑帖进行临摹练习，就可以进入书法的殿堂。所以，书法是当代人消遣娱乐、磨炼心志、陶冶性情、提高审美享受、美化生活的一种重要方式与途径。在当代社会生活中，书法艺术作品随处可见，书法学习场所十分普及，特别是在当前党和国家大力传承发展中华优秀传统文化的号召下，书法作为优秀传统文化的代表和文化自信的载体，其传播面很广泛。按照教育部要求，全国大中小学等各类学校都开设了书法课；少儿学书法成为提高艺术素养、启发艺术思维、培养良好习惯的一种方式和途径；老年人退休后练书法成为一种时尚；成年人学习书法则既可提升审美能力，也能扩大交友面，更是一种很好的娱乐休闲和修身养性的手段。所以，当今人们学习书法的热情很高，普及面很广。在当代社会生活中，中国传统书法艺术得到了很好的传播推动以及大力发展，书法已成为复兴中华优秀传统文化的一种方式，成为人们创造美好生活的重要组成部分。古往今来，很多优秀的经典碑帖被人一代代传承、学习，成为中华文化不绝如缕的纽带。王羲之的《兰亭序》，颜真卿的楷书碑帖和行书《祭侄文稿》，苏轼的《黄州寒食诗帖》诗文与书法相得益彰、珠联璧合，米芾、黄庭坚、赵孟頫、王铎、傅山、董其昌等，都是让一代代人耳熟能详的书法大家，他们的作品也都成为家喻户晓的艺术经典和民族文化瑰宝。

再说说中国画。广义的中国画是指中国历史上各时期出现的刻、画在山崖石壁、丝绸布帛、木板石板、陶瓷、砖石上的壁画、帛画、陶画，以及后来有了宣纸以后专门画在宣纸上的绘画，其材料形式多种多样。早期的壁画、彩陶画、石版画等大多是出于实用的目的——记录事件，为人物、动物画像，以及专用于丧葬祭祀与纪念活动，后来演变成专门的绘画艺术。特别是随着绘画材料的拓展与改进，绘画技术的精研与提升，以及文人官员、雅士高僧的参与，中国画成为一种特殊的民族绘画形式，并与西方流行的油画、蛋彩画、石版画、铜版画、水粉画、水彩画等相区别，成为中华民族独有的一种绘画形式——以毛笔、墨汁（或矿物颜料）、宣纸为载体，以自然界各种对象（特别是景物、植物、动物、人物）为题材。

今天狭义的中国画就是指以毛笔、水墨或矿物颜料为表现手段，画在宣纸上的绘画形式。经过长期积淀，绘画对象主要

图17 书法 [唐] 颜真卿《祭侄文稿》

图18 书法 [宋] 苏轼《黄州寒食诗帖》

以自然山水景色、花草树木与飞禽走兽、重要人物等为主。根据不同题材，中国画可分为山水画、花鸟画和人物画三类。同时，由于画家在技法上的不断总结和创新，在材料上的不断探索实验，特别是根据水墨在宣纸上浸润效果的不同，中国画又可分为水墨画、工笔画、写意画、泼墨泼彩画或大写意、小写意、没骨花鸟、工笔重彩等多种形式类别。

从其实用性和普及性来看，早期的中国画主要服务于记录人类活动与事件，描写活动场景，留存人物影像，是一门非常

154

实用的艺术。后来，由于文人士大夫对绘画的参与，出现了职业画家和文人画家的分野。特别是文人士大夫独创的表现手法（写意）与审美意趣，把中国画引向了造型更为抽象，意蕴更加含蓄，技法更加丰富精彩的一种状态。根据题材不同，中国画分为山水、花鸟与人物画三类（三科），同时形成了非常丰富的技法体系。特别是中国画的"意境营造"与"精神寓意"，使中国画具有更为高雅深沉的技法之美和意境之美。山水画看似描写的是自然界的山水景色，但其所表现的境界往往是文人雅士所特别崇尚的宁静幽深、与世无争、气象万千之美好景色，或静穆崇高、孤芳自赏、放荡不羁的人文精神。花鸟画虽然看似描绘的是自然界常有的普通花木、飞禽走兽或者奇花异草、游鱼怪石，但是也多有深刻的精神寓意，比如竹子的高节（高洁）虚心，松树的坚毅挺拔，秋菊的傲霜，兰花的清新淡雅，荷花的出淤泥而不染，都是作者所追求人文精神品格的象征。龙虎腾跃的威风，水鸟的自由自在，这些题材看似是自然界的对象，实则却是画家通过对自然事物的描写，反映自身所追求的一种人格精神，或某种生活境界。所以，中国画是最富有精神象征寓意的一种绘画形式，其对象看似简单，实则寓意深刻。中国画成为历代文人士大夫乃至中华民族精神追求的一种手段，成为人们修身养性、磨炼性情、记录情景、歌颂生活的一种手段和方式。几千年来，中国画一直是中国社会生活中既有实用功能、又有鲜明的审美功能，既能表现高雅的精神追求，又能怡养个人性情的一种艺术。它既有让普通老百姓都能欣赏观瞻的审美效果，又能表现出十分高雅、卓尔不群的精神意趣，成为文人士大夫与普通老百姓都十分喜爱的一门艺术。特别是中国历史上所流传下来的一些经典绘画，如东晋顾恺之的《洛神赋图》，唐代阎立本的《步辇图》，宋代张择端的《清明上河图》，元代画家赵孟頫、黄公望、倪瓒等人笔下的系列山水画，明代王冕的梅花图，清代郑板桥的竹石图，都是深受大众喜爱，人们口口相传，非常富有人文精神和品格追求的经典作品。中国画具有笔墨简练而技法丰富、构图简洁却意境深远，工具材料简单却表现效果卓著等特点，具有西方绘画无法达到的境界与效果，也可以说是中华民族所独有的一门艺术。今天，学习中国画的人非常多，生活中很多场所，特别是一些着力表现传统文化的场所——中式院落、会议厅、书院会馆、学校、文博单位等，中国画都是不可或缺的艺术展示品和艺术创作表现类别。各类学校、青少年宫等也多开有国画课程。当代人学习传统艺术时，学习中国画的人数非常多，人们对中国画所特有的水墨意趣、意境丰富深沉等特点也十分推崇。普及推广中国画是当下我国传承发展中华优秀传统文化的一个重要组成部分，十分值得人们去重视和爱好。

此外，还有历史传承下来的壁画、石版画、木版画等形式也是中国画的组成部分。当前社会中，因为不同画种的表现功能与效果不同，这些绘画形式仍然具有其独特的魅力，同时也拥有众多的学习者和传承者。在今天社会生活中很多大型场所，如车站码头、大型商场、候机厅、酒店大堂等也多由大型壁画、版画来装饰映衬。特别是一些大型活动场所，根据场景表现和装饰的需要，一些内容宏大的场景或主题鲜明、题材丰富、对象复杂的大型壁画、系列版画、石刻组画等仍然是非常具有表现力的作品，所以，中国画中无论是宣纸上的绘画，还是材料坚固、特色鲜明的壁画、版画，在我们的生活中，仍然普遍地存在，并具有重要的社会价值和艺术价值。

图19　中国画［宋］张择端《清明上河图》

二、诗文书画的审美特征

由于诗文书画涵盖了语言艺术（文学）中的诗歌、散文和造型艺术中的书法、绘画，体裁与表现内容、表现形式等均有很大不同。对于它们的审美特征，本节分两类来叙述。

（一）诗文的审美特征

诗歌与散文同属于语言艺术。诗文的审美特征主要有五个方面：语言之美、句式之美、反映题材的广泛丰富之美、表现情感的真诚直率之美、营造意境的丰富深沉之美。

第一是语言之美。

诗歌与散文都是语言使用的一门艺术，它们以最精练、准确、直白、生动的语言来反映自然对象、人类活动与情感。无论是诗歌还是散文，它们在应用语言时都强调炼字造句，力求以最精美的语言来予以表达，特别是诗歌的每一个字都非常讲究，诗句中每一个字所具有的意义与内涵都十分丰富。中国古代诗文中，诗人（作者）常常为了一个字的使用而反复推敲、思考、比较，选用的字可谓"一字千金"，虽然只是一个字的运用，但其内涵却非常丰富，留给读者无穷的想象。最著名的当如"僧敲月下门"还是"僧推月下门"这一句诗中"推、敲"二字的选用。使用"敲"还是"推"字？作者反复思考斟酌，举棋不定。据说这也是"推敲"一词的出处。用"推"字，表现的是直接、自然随意、无拘束、心无挂碍地推开门进去，而用"敲"字，则表达了礼貌、谨慎、小心翼翼的意思。虽然一字之差，但意义却有天壤之别。又如"欲穷千里目，更上一层楼"这句诗里的"穷"字，本为表达观看的意思，但这里用"穷"字就有"望远——无穷无尽，看不到边"，同时也有"探索——一眼望不到边而想寻求边际"的意思。它和"看"字相较，虽然也有"看"的意思，但却比"看、望"的意思更加深刻丰富。这里所用的诗句"欲穷千里目，更上一层楼"，表面上看是写登楼观看风光，但却暗含了人们对自然世界，对各种事物甚至人类情感世界、心灵世界等多重对象的探究，想要了解得更多，就需要"更上一层楼"，更进一步，登高才能望远，平台高，事业才会更有发展，心胸才会更加开阔。这里的"上一层楼"既指实物的楼，也可以指虚拟的平台、基础，可以寓意多方面的向上进步。所以，诗歌的语言可谓"言有尽而意无穷"，这是诗歌语言的妙处。散文中同样如此，虽然其语言字数不如诗歌精练，但所表达的意思同样是非常丰富深刻的。比如朱自清《荷塘月色》中那些比喻、排比的句子，"这一片天地好像是我的；我也像超出了平常的自己，到了另一世界里。我爱热闹，也爱冷静；爱群居，也爱独处。像今晚上，一个人在这苍茫的月下，什么都可以想，什么都可以不想，便觉是个自由的人。白天里一定要做的事，一定要说的话，现在都可不理。这是独处的妙处，我且受用这无边的荷香月色好了。""月光如流水一般，静静地泻在这一片叶子和花上。薄薄的青雾浮起在荷塘里。叶子和花仿佛在牛乳中洗过一样；又像笼着轻纱的梦。虽然是满月，天上却有一层淡淡的云，所以不能朗照；但我以为这恰是到了好处——酣眠固不可少，小睡也别有风味的。"这些语言既是直接的描写，又是间接的抒情，而且还暗含哲理，充分体现了语言艺术的精妙。

第二是句式之美。

中国文学体裁中的诗、词、歌、赋，各有其句式要求和语言风格特色，特别是诗词，堪称中国语言艺术的精华。诗歌中的句式有五言诗、七言诗，也有少数为六言、四言的。特别是五言诗、七言诗堪称诗歌中的精华。五言绝句和五言律诗，七言绝句和七言律诗，都有其严格的字数限定，每一句诗，无论是其语言音调平仄，还是句式长短都有严格要求。句式整齐，对仗工整，用字讲究，含义丰富。绝句四句一首，律诗八句一首，歌行体相对自由一些，但也有严格的句式限制。词、赋之文字、句式更为严谨。词有特殊的词牌名，如"沁园春""满江红""一剪梅""卜算子""钗头凤""水调歌头"等等。不同的词牌名所对应的词，共有多少句，每句多少字，第一句几字，第二句几字，都有固定规矩。所以，中国人将写（作）词叫作"填词"，就是指严格按照句式字数的要求来写作（如填空一般）。散文虽然看起来句式不如诗、词、赋那么要求严格，但是在句式上仍然有要求。散文中说明文、议论文重在说明某事某物，或针对某人某事进行议论，所使用的语言相对较为平实，只要说清楚意思就行，而抒情散文则为了抒情、感叹所需，往往大量使用比喻句、排比句、对仗句，这些句子相对较为工整。散文句子长短、每句字数虽然要求不太严格，但是非常注重语法，每一句中句式要完整，必须包含主语、谓语、宾语。为了增强其文学性，要运用渲染、比喻、象征等手法，同时还要注重句式的变化，增强语气，界定某一对象范围，渲染气势，强调重点，补充说明，因此，句子中还有定语、补语、状语等修辞语言。这些词语并不是每句都有，有时候还要根据需要变换位置，如宾语前置、状语后置等，从而使散文的语言变化多端，共同构成了传统散文语句中严谨而又多变的语法句式特征，同时也使汉语语言增加了特有的艺术魅力和审美特征。创作诗词、散文要严格按照句式要求进行创作，才能充分展示汉语语言之美；欣赏中国诗歌、散文，不但要了解欣赏其内容的美，更要体会其语言句式之美。学习汉语，其中语法、句式都是专业性很强的内容。在中小学语文课本乃至大学课本中，古代汉语、现代汉语之语法句式都有很多章节，有诸多专业内容待学。所以，中国的诗词、散文，当然也包括小说、赋、剧本等其他文体，都有严格的句式要求，并共同呈现出中国语言文学的语法句式之美。

第三是题材描写多样化之美。

中国诗词散文在描写对象、表现题材方面具有十分丰富多样之特点。凡是自然界能眼见的各种对象，以及人们肉眼看不见的各种动物、人类的心理活动与思想情感，都可以在诗歌、散文等文学体裁来进行表达。这也是其他艺术形式难以具备的优势。比如心理活动、情感想法这些看不见的对象（内心世界），绘画、摄影、音乐等艺术形式难以很直观地进行反映。而诗文通过语言文字不但可以直接表达，甚至还可以在不同视角（不同的人或从不同角度看见或感受）、不同时间、不同环境与心情状态下来进行多角度观察和描写。比如十年前和十年后观察同一对象所具有的不同之处，夏天或冬天观看到的同一地点的不同景色，白天或黑夜观看到的同一事物所呈现的状态都会有所不同。所以，诗歌散文所描写的对象往往具有时间流动性、环境的多样性、角度的可变性等特征，看得见的事物或看不见的人类各种心理活动、思想情感，诗歌散文都可以非常直接地进行描写。喜怒哀乐各种心情，白昼黑夜不同时间，天上水下不同环境，植物、动物、花草树木各种对象，以及社会生活中人类各种交往活动，都可以通过诗文来进行描写。相比于绘画、摄影、音乐、舞蹈等其他艺术门类，诗文所描写的题材最为广泛多样，诗人、作家仅仅以文字形式就可以创造出各种对象、题材丰富多样之美。

第四是表达情感的真率之美。

中国诗词、散文直接运用语言文字来描写自然界的各种事物与活动，并直接表达情感。对于所描写的对象是喜爱还是憎恶，是欢乐还是忧伤，都可以直接以语言说出。尤其是在表达情感方面具有非常直接、真实、强烈等特点，表情达意具有真率之美。无论是诗歌散文，还是小说、剧本、札记等，所描绘的对象都是直接表达观点和情感。对一件事物、一个活动、一个人物或一种社会现象，无论是眼睛看得见的，还是看不见而只能以心理活动呈现的对象，诗人、散文作者都可以直接表达出自己的真情实感和喜怒哀乐。比如对一件事情的喜欢或厌恶，愤怒或无奈，欣喜和激动等各种心理活动，作者都可以通过诗歌的语言或散文的语言来直接描写。比如"我爱你，我的家乡""可恶的旧社会""美好的春天""可怕的某种行为"
"坚决拥护（或反对）某某人"等这样的句子，都是直接表达
情感的。这也是其他艺术形式所不具备的优势。所以，诗文所
表达的情感既直接又真实，表情达意具有真率之美。

第五是营造意境的丰富之美。

诗文通过语言文字形式来反映世界，反映生活，对于社会
生活的提炼具有高度集中、真实、直接、可感的特点。诗文表
达情感可以通过作者直接所见的事物对象、社会活动或某种现
象来表达作者的情感，也可以通过写景状物来间接表达某种感
受。读者在欣赏诗文时，还可以充分发挥自己的想象与体验，
产生出与作者写作时想要抒发的不同情感，甚至更复杂的情感
来。因此诗文读者在阅读时往往可以产生共鸣。中国的诗文在
描写对象、反映主题时，通过精练的语言和丰富的写作手法来
描写、渲染、象征。通过多种写作手法来营造出丰富的诗文意
境。比如，朱自清的《荷塘月色》、矛盾的《白杨礼赞》、陶
铸的《松树的风格》等这些抒情散文，文章看似描写自然界真
实可见的荷塘、月亮、荷花、松树、白杨树等对象，但作者通
过比喻、象征等手法，以物喻人，通过描写自然界的对象——
动物、植物所具有的直接可见的一些特征，暗示人类社会的某
些精神品格，歌颂（或批判）某种社会现象。诗歌更是如此，
通过独特的语言文句的描写渲染，通过比兴等手法，营造出更
加丰富的意境。比如《诗经》中一些句子，先写景，后及人，

先铺垫，后点题。"蒹葭苍苍，白露为霜，所谓伊人，在水一方""关关雎鸠，在河之洲，窈窕淑女，君子好逑"。前一句描写景物进行渲染，后边才表达某种情感，从而产生比直接诉说某事某物更为婉转而幽深的意境。在欣赏诗文时，还特别强调发挥读者的主观能动性，不同读者面对同一文学作品还会产生不同的感受，"一千个读者有一千个哈姆雷特"，文学作品中描写的一件事物或一个对象，读者阅读时因为心情不同，理解能力不同，或所处的时代背景不同，文化层次不同，所得到的感受也就不同。这也说明即使同一文学作品，在不同读者眼中或心里所产生的审美效果都有不同，同时也说明，诗文通过语言描写，所营造的意境非常丰富。

（二）书画艺术的审美特征

书法和绘画虽同属于造型艺术，但也是两种不同的艺术种类。不过，在中国历史上人们自古就认为"书画同源"，因为，中国的书法和绘画（主要指国画），都是通过毛笔、墨汁（墨水）书写或描绘线条，以线条造型（写成文字或描绘物象），通过对自然事物外形的描绘（或书写文字）来反映特定的内容、意境和艺术风格。中国的书画艺术就其审美表现性来看，原理是相通的。中国书画艺术的审美特征大体可以概括为四个方面：

第一是造型之美。

书法艺术通过对文字字形的书写和表现来展示其形态美

（造型美）。虽然汉字本身的形态（笔画多少及其组合）是固定的，比如"人"字由一撇一捺组成，"天"字由两横和一撇一捺组成，"国"字由一个方框和内部的"玉"字组成，"口"是方形，"今"为菱形，这些都是文字本身的形态特征和笔画组合方式，人们在书写时不能擅自多写一笔或少写一笔，否则就是错字。但是，在书法家的笔下，书写时可以把某一笔写长或写短，写粗或写细，写大或写小。书法创作就是通过对汉字原有的字形进行不同的形态处理使其变得略有不同或形态各异。比如，"天"字既可以写成上窄下宽，也可以写得上宽下窄；"口"字本为正方形的方框，但书写者根据其不同位置，也可以写成扁形的或长形的；人字的撇捺，本为 45°倾斜相互支撑分布，但书法家也可以把撇捺写得有长短粗细之变化。所以，文字的造型（书写）可以有若干变化，而呈现出或平稳对称，或斜长倾斜，或宽窄大小变化等各种不同形式。当然，一个字不同的造型会带给人不同的美感。比如端正对称的字形带给人稳定感，倾斜和不对称的结构就带给人不稳定感或动感，这些都是通过字形变化来反映的不同的形式之美。

中国绘画亦然。通过对自然界事物形状的描写去展示事物本身的形象，比如，一棵树、一头牛、一只猫、一条鱼、一朵花、一座山峰、一座房子等各有其独特的造型，画家必须首先依照自然界固有的形态去描写，"依类象形"。这些自然界对象本身也有其形态之美。比如，一朵花的色彩变化，一棵树的外表形态，一只动物或站立或飞翔或奔跑的姿态，都有其特定的外形形式。在具体的绘画创作中，画家可以根据在不同环境、不同角度下观赏物体形态而进行描绘，画家还可以根据所绘对象的特点做出一些改变，以达到最美的形态。比如，描绘一座山，画家可以根据需要，或多画几棵树，或少画几棵树；描绘一丛花，画家既可以多画几朵花、几片叶，也可以少画一些，而不必和真实所见的山峰、花草形态完全一致。画面对象不同的布局所呈现的美感也不同。如一丛灌木在冬天时叶子少，在春天时则叶子比较茂密，画家可以通过树叶的多少展示不同季节气候、不同环境下的状态。春天的植物生机勃发，夏天绿树枝繁叶茂，冬天则枝叶凋零，画家都可以通过其造型的不同来反映不同季节、不同环境下的对象形态。尤其是人和动物的精神面貌、喜怒哀乐，都可以通过造型变化来反映。所以，中国书画艺术属于造型艺术，可以反映自然界对象的真实形态。在创作中，画家、书法家可以有意识地安排所描绘对象特殊的造型，从而表达书画艺术的造型之美。

第二是笔墨线条之美。

中国书画使用特殊的工具：毛笔、墨汁、宣纸。这些工具材料的特性就决定了中国书画艺术具有特殊的笔墨线条之美。毛笔，又称"毛锥子"，其笔尖尖锐，中后部饱满，笔毫柔软，可以蓄积一定的墨汁和水；宣纸具有浸润性，当墨汁和水在毛笔尖进行调和后，书写（画）在宣纸上可以产生不同的浸化效

果。书法家所写出的汉字笔画，画家所画出的事物轮廓（线
条）和块面颜色，可以通过不同的写画方法（轻重、快慢、转
动、停留等）使线条有粗细曲直的变化，墨色有颜色深浅的变
化，笔墨线条或浸润模糊，或干净利落，或直或曲，使书画艺
术所表现的形态特别丰富。无论是书法字形，还是绘画对象的
形状，都可以产生出比实际事物形态更为多样的效果，既相似
于所描绘对象的真实，又有特别的美感。在中国书画艺术中，
线条、笔墨都是其表现技法的关键。人们常说，中国书画是笔
墨的艺术，是线条的艺术，也就是指中国书画艺术中笔墨、线
条的变化，可以反映更丰富多样的艺术形象，各种对象的表达
既来源于自然界的真实，又不同于（或高于）自然界的真实。
中国书画还可以表现出不同的风格意趣。创作书画时，墨和水
不同比例的配合，书画家写字和画线条速度的快慢，墨汁的多
少，纸张质地的不同，所产生的效果常常有意想不到的美妙。
书画创作常常有"无意于佳乃佳"之效果，一笔下去，常常有
意想不到的美感，这都是中国书画艺术的魅力所在。反之，如
果没有毛笔、宣纸、墨汁和水的巧妙搭配，我们用普通墨汁在
毫不浸润的普通纸张上书写，或者在地上、石头上书写，就很
难有美好的笔墨效果。尤其是缺乏宣纸对墨的吸收浸润，其书
画效果风格意趣都会相去甚远。画家在画雾中的松树、竹林，
画水中的游鱼，画动物的皮毛等对象时，通过宣纸所特有的浸
润感和毛笔的细微表达，丝丝入微，形神兼备。国画的这些效

果是石刻或油画，或者铅笔、钢笔这些书写工具所不能表现的效果。所以，中国书画艺术中线条的笔墨、线条常常成为艺术家反复探索追求、难以穷尽的精妙技法和绘画元素。

第三是章法与节奏之美。

中国书法是汉字书写的艺术，但是在书法创作中却不仅仅是把一个个单字写好，还需要整体效果，要把若干字与字之间整体配合好。这就犹如行兵布阵和舞蹈队列的安排一样。虽然单个的士兵很勇猛，或单个的舞蹈演员形象很美，但是如果不能整体有效组合（配合），队伍就不能打胜仗，舞蹈队列就没有整体的美感。所以，书法艺术一方面是作品单字造型需要美，另一方面，一幅字中字与字的搭配也要具有整体的和谐美，要有章法形式的巧妙安排。书法创作时需要考虑一幅作品中字与字的衔接，大小疏密，各字之间的变化与整体的配合，前后呼应等关系。一幅成功的书法作品，若干个字之间要形成一种有机的组合，犹如足球场上奔跑的队员一样，要围绕着足球进行攻防，有集中，有辅助，有分有合，有主有次，也如同音乐旋律一样，有高音，也有低音的配合，才能形成完整有序的章法局面，具有节奏之美。

绘画亦然。虽然画同一类对象，比如画面上的三五只鸟或几朵花，它们之间的组合都要巧妙安排其位置、形态的变化。自然界花丛中的几朵花会有大有小，有正面有侧面，有主有次。红花应与绿叶搭配，才会比较自然和谐。树叶之间有俯仰、正面和侧面的变化，几只动物（禽鸟）之间也会有顾盼呼应，有大小、距离疏密、身体活动姿态的变化，才能形成一个生动和谐的画面。如果在画面上把每只鸟或每朵花都画成同样大小，同样的姿态及方向，组合在一起毫无变化，即使单独的每朵花、每只鸟都很美，组合在一起时也会显得雷同呆板，毫无生气，缺乏自然界所见的真实感，这同样是不美的。所以在绘画中，其画面布局也是非常重要的因素，犹如一件书法作品中的单字组合一样，这就是书画艺术中所强调的章法之美。

第四是意境与风格之美。

中国绘画所描写的对象，所表达的情景具有特殊的意境美与风格美。比如，中国画中画竹子、松树，画花丛、兰草、菊花，画深山古寺，画鱼樵、耕夫等，都是通过特定的对象和环境来营造一种特殊的意境。松树、梅花、兰花、荷花等反映文人雅士孤傲、清廉的品格精神，高山飞瀑暗示某人某物的伟岸挺拔与崇高气质，这都是由特定的绘画对象来反映特别的主题，营造特殊的意境和风格之美。中国书法同样通过书写特别的诗文等文学内容来表达特定的情感，反映特别的主题内容。书法家通过书写时线条笔墨的特别形态，字形的构造和组合变化，笔墨的浓、淡、枯、润效果等来反映画面章法与意境。字形端正，排布疏朗，笔画干净清爽，则反映清雅秀丽的意境；字形扭曲或线条茂密厚重，或苍劲粗朴，则营造雄浑大气的意境。在营造书画作品丰富优美的意境时，中国书画家总是通过不同的技法和材料，通过不同的笔墨效果来展示作品的不同风格。书法中干净利落、清新细腻的线条和疏朗的章法布局展示清新秀雅的风格；反之，粗壮（粗朴）的线条，茂密的结字，随意不羁的点画与字形则展示雄强刚健或质朴率真等风格。所以，中国的书画艺术具有丰富深邃的意境美和变幻多样的风格美。

三、如何开展对诗文书画的审美

（一）多读诗文，提升诗文鉴赏能力和修养

俗话说："熟读唐诗三百首，不会作诗也会吟。"多读经典诗歌、散文等文学作品，才能帮助自己提高诗文鉴赏水平。文学作品中的诗歌、散文、小说，都是来源于人类生活，是对生活中自然景物、人类活动以及人的真情实感所进行的生动描写。多阅读诗歌、散文、小说，多去感受作品中作者在语言组织、情感描写的精彩之处，或许也能让读者自己产生更多对生活的感悟与对作品的共鸣。一般来说，读得越多，对文学作品的理解也就会越深。特别是多读诗歌以后，脑子里边便能记住很多优美经典的诗词，优美的散文句子和动人的文学故事，自己写作或与人交流时，或许就能出口成章，这对于更好地认识鉴赏和运用诗文作品，具有相当重要的作用。

要有计划地阅读诗文相关知识才能更好地明其原理。比如，古典诗词的写作要领、构成特点、审美特点；诗句中如何

运用平仄对仗；辞赋的文辞声韵、格律、文字运用的基本规矩；散文的特点及其基本写作手法、审美特征；等等。正如前文所言，它们都有很系统而复杂的规矩（要求）。通过学习阅读，多掌握诗文相关知识，才会懂得如何更好地欣赏诗文作品，才会理解一些经典的优美诗句和这样写作的原因，也才能明白诗文中是怎么通过对看似平常的一些事物对象进行描写，却提炼（发掘）出如此优雅的诗文句子。比如自然界中常见的秋菊、青松却被赋予了傲霜、傲寒的品格，很普通的竹子却被赋予了虚心、高洁的美德，由此可以理解作家是如何运用生活中最常见的对象去表达人类各种情感的。

要尝试着去鉴赏一些诗文名篇，多读一些鉴赏类文章，才能由理论到实践，逐步学会鉴赏诗文。多读一些鉴赏类的文章，我们可以从相应的范例文章中看到一些优美的诗词散文作品是如何写作而被人们欣赏剖析的，一些优美的诗文在抒情言志方面又是如何进行具体写作的，在描写自然界一些具体事物时，作者运用了哪些优美的词语。这样，通过多鉴赏一些名篇，慢慢掌握诗文鉴赏的基本原理，尝试了解和慢慢熟悉对诗文作品的鉴赏。

尝试自己写作一些诗文。"临渊羡鱼，不如退而结网"。诗文鉴赏与创作是密不可分的。凡是有创作经历和相应专业知识的人去鉴赏同类文学作品，往往都十分容易且有更深刻的情感体验与触动。往往只有通过亲身写作才会更明白，优美的诗歌散文是如何炼字炼句，如何谋篇布局，如何起承转合的。通过写作也更能感受到经典诗文名篇中作家写作时的匠心与写作技巧的高明所在。一般人开始写作的时候，可以尝试先从一些简单的内容（或文体）写起，比如先写写散文，到写写现代诗，再到古典诗词，最后到长篇大论（小说、剧本）等。由易到难，由浅入深。应该说，散文写作的难度并不太大，但要写出一篇好文章仍然需要基本功，需要有饱满的情感寄托其中。我们可以先从对某一具体事物的感怀写起，写几百字的短文，抒发一些常见的情感，慢慢再丰富自己的语言，提升自己的字句组织能力，再写修辞性更复杂的文章结构。所以，动手尝试写作这个环节，对于体验感受诗文作品、更好地鉴赏诗文作品的深度，都是很有帮助的。

多与同道朋友交流。多观察生活，融入社会，或与同道朋友一道去感受某一类活动，或深入社区、乡村、学校等地进行采风，感悟生活，或许能涌起更为强烈的写作冲动，对诗文作品中所描写的城市乡村各类生活有更深刻的同感与共鸣，才能更好地鉴赏诗文作品。在与同道朋友的交往交流中，切磋技艺，互相批评，或许对诗文写作的技法会有更大提升；在参与采风交流、深入生活的同时，也才能收集更多的写作素材，开阔自己的视野，更好地锻炼和充实自己，更好地开展诗文写作与鉴赏。

（二）准确把握书法绘画的形式美

艺术作品由形式与内容两方面构成，不同艺术类别在形式美与内容美方面的侧重点不同，欣赏的重点也就不同。从书法与绘画艺术看，二者同属造型艺术，因此其形式美最为直观且突出，也是开展鉴赏的首要切入点。

从绘画艺术的形式美看，主要表现为以下几方面：

1. 点线面及其组合关系

绘画作品的基本组成单位是点、线以及由点线构成的块面，并辅之以光影、色彩，形成丰富的多维空间关系。其中，点是最小的单位，在绘画中具有丰富的表现能力。比如绘画中人物面部的一点，近观时可以被认作一块疤痕或污点之类的东西，远看时则可以表现为人物的口、眼、鼻等部位。集点成线，或者由点、线的密集又构成面。线条的类型有直线、曲线和折线三种，也有粗细的不同。绘画中的直线表示力量劲挺、刚强，曲线表示柔和、流动变幻，折线表示转折。线条既可以表现物体的外轮廓，又可以表示其内部变化。比如描绘人物面部和衣服皱纹，细线清秀，粗线厚重。线条的粗细疏密组合还可以表示出各种不同的质感、物体不同面的明暗。绘画中的"面"是点与线的密布聚合，并形成物象的立体感。任何物体都由多个面组成，不同颜色及其深浅表示不同的面，例如受光面颜色浅而背光面颜色深。不同形状的面表示物体的立体感和动感也不一样，圆形柔和，方形、三角形等则表示尖锐、劲健的感觉。各种直曲、粗细、长短、方圆形状不同的点、线、面所组成的物体形式感也不同。它们有的刚健，有的柔和，有的动感，有的安静。所以，点、线、面的不同组合关系构成了绘画艺术的外在形式。

2. 色彩关系

色彩是绘画中最直观、最有视觉冲击力的元素。色彩搭配以及色彩的强弱形式直接决定了绘画的风格及其表现能力，有着很强的感染力。绘画艺术中，丰富的色彩更能引起人们在视觉和情感上的反应。例如红色使人感到温暖，会让人产生热烈而兴奋的情绪；黄色明快，历代以来都是富贵吉祥的寓意；蓝色让人沉静或者冷漠；绿色平静而充满生机。当然，在不同国家或不同民族，因为习俗原因，人们对色彩还有不同的审美取向。在中国画中，一般而言，几种主要的颜色寓意具有"红色喜庆，黄色富贵，白色纯净，黑色沉重"的习俗。西方绘画中，不同颜色也具有不同的含义。另外，西画中讲究色彩的冷暖之别，红色、黄色为暖色，绿色、黑色为冷色。通过冷暖搭配，营造不同的环境寓意。可以说，中西绘画艺术都十分讲究色彩搭配。色彩相近能带来视觉上的协调，如黄色、橘红、朱红，紫色、蓝色、绿色，色调相反或相对，则让人感到冲突刺激，如橘红和翠绿，黄色和紫色的搭配等。

3. 空间及构图关系

书法绘画艺术都属于造型艺术。所谓"造型"，即在纸平面上通过点、线组合描绘的二维图像，来反映物体的立体感（三维空间）。绘画就是通过在画面上以点、线、面的组合反映物体的空间，犹如现实生活中真实的物体一般所具有的立体感。不管是非常讲究写实的西画，还是体现写意的中国画，都要求作品所描绘的对象能反映事物本来的面貌。所以，绘画中为了表现自然物象的空间感，在所描绘的物体位置安排上就有主次大小之别。中国画中有"丈山、尺树、寸马、分人"的规则。也就是说，在一幅画面上，如果描绘一棵树的高度是一尺，那么画面中的山就应有一丈高，而画中的马有一寸长，人就只能是一厘米高。它要求画家作画时按照不同对象来体现出在画面上的大小比例。西方绘画中的焦点透视原理也是要求画中的所有对象都要按其纵深位置投射、聚焦到画面的一个点，各类事物在画面上的大小都要有一定比例。另外，由于画面是有限的画面，画家不可能将生活中的各种对象都一一展示，所以，画家作画时对画面上的事物展示就要按需裁剪。哪些对象需要突出，哪些对象是要减省的，哪些是主，哪些是次，主次搭配要以一定的位置关系予以展示，所以就涉及构图关系。不同事物对象的置放位置都是有讲究的。要处理好上述几者关系，就必须组织好绘画的空间感和构图关系。

4. 质材因素

绘画作品中不同的质材所体现的审美效果也是不同的。比如，油画中颜料厚堆积画法的肌理和国画渗化的模糊效果就不一样。布上油画和木板上的油画、木版画和铜版画的肌理效果也是不一样的；精工细染的工笔画与泼墨的大写意画效果更是千差万别。这就要求一定的风格要借助一定的材质予以表现。比如国画中画工笔画就不能用生宣纸而只能用熟宣纸。因为生宣纸太易浸润、渗化，不可能画出干净、清新、细腻的画面效果。反之，画写意画只能用生宣而非熟宣，同样是因为熟宣不易浸润，产生不了大写意画那浸化斑驳、苍茫的效果。而不同工具、纸张材质的有机结合正是产生优美作品的保证。所以，我们欣赏时要善于鉴别。

书法艺术的形式美虽然不及绘画那样有明确的图案对象及真实的色彩，书法完全只是以墨汁书写汉字，色彩只有黑白两色，图案也是由汉字本身的结构图案来作为依据的，但是，书法是通过汉字书写来表达美感和情感的，在以毛笔书写汉字时，仍然可以对一个汉字的结构进行变化，特别是在笔墨枯润、线条的粗细直曲、字形的大小正斜、结构的疏密等多方面进行变化，从而形成一种新的文字（特别是通篇布局）形式，从某种程度讲，这也犹如一幅图画一般，而且书法的线条加上墨色变化会更精彩。所以古人言"书画同源"也是指书法鉴赏和绘画鉴赏是有诸多相同之处的。在前述所讲到的线条、空间、图案、材质等方面都有很多相同的地方。

（三）提炼书画作品的内容主题，品味其丰富意境

任何艺术作品都是由外在形式与内容表达有机组合。书画

艺术作品的内容主要由表现题材（或文字内容）、画面对象
（或书法文字）造型、章法布局等因素构成。特别是书法艺术，
只是书写文字（诗歌、散文、名言佳句等），其表达内容非常
直白，所书写的文辞内容就是表现题材，很容易理解。绘画作
品以描绘自然界的对象（人物、动植物、自然环境等）而形成
画面形式。与影视、戏曲、文学作品相比，绘画只是描写自然
界某一瞬间场景，几乎没有情节性延伸。对于各种人物、动植
物等对象的刻画也只是通过外形姿态（造型）来反映。绘画作
品中的内容主要是表现人物形象姿态和对自然环境的刻画。虽
然画面环境是凝固不动的，但由于画家的高超表现技巧，仍然
可以十分生动传神地反映社会生活或画面中的人物性格等。我
们在欣赏绘画作品时，仍然可以欣赏到由作品题材所反映的思
想主题。而且，在欣赏绘画时，我们还要善于从静态的画面中
去提炼和发现绘画的内容主题，体会"画中有诗"的丰富
意境。

中国书法、绘画题材及其所反映的思想内容是我们开展欣
赏时的重要内容。比如，中国人物画或者西方肖像画，往往都
是通过对特定人物（形象气质）的刻画，以表达或歌颂社会生
活中的正面人物形象，具有明显的政治情感倾向。中国山水
画、花鸟画中，通过对各种山水环境的描绘去表达作者的审美
追求：或者是对祖国、家乡大好河山的热爱，或者是某种精神
意趣的寄托。比如元代画家黄公望的《富春山居图》、现代画

家张大千的《万里长江图》等。中国花鸟画所描绘的各种禽鸟、草木、花卉，往往都是画家对生活中某种喜好的表达。比如五代画家黄筌、宋代皇帝宋徽宗对宫廷富贵吉祥生活的刻画，通过描绘奇珍异兽来体现皇家所特有的富贵气象。明代徐渭、八大山人，清代郑板桥等画家笔下的枯荷、瘦竹、野草、孤鸟、荒坡等景象，则是画家逃避现实，或对抗现实、抒发个人情怀的写照。中国传统文人画中，常常以"四君子"（梅兰竹菊）题材来赞美人的某种品格。竹子表示胸怀开阔、虚怀高洁（节）的品格；梅花、松树表示坚强品格，不畏贫瘠、艰险，斗志昂扬；兰草表示高洁和清廉；菊花表示独战风霜、坚贞不屈的品格；等等。同样，西方的人物画中，各种人物活动情景（瞬间），往往记载一段故事。比如大卫的《贺拉斯兄弟之誓》《马拉之死》，拉斐尔的《雅典学院》，席里柯的《梅杜萨之筏》，苏里柯夫的《近卫军临刑的早晨》等，都隐含着一件件富有鲜明政治色彩的历史故事。通过画面主要人物的表情与姿态造型，或歌颂，或鞭挞，鲜明地表达了作者自己的情感取向。除上述表达历史故事、对历史人物的歌颂赞美之外，绘画中还常常以裁取景色、巧妙构图来营造一种意境。比如，以生长于绝壁的松竹来比喻某人意志坚强、咬定青山、坚定不移的志向；或者以居于崇山峻岭或幽谷野林之中的一间茅屋、一个樵夫或一介书生等来表达文人逃避现实、追求世外桃源的理想；或者以在天寒地冻、万籁俱寂之时，画面中若隐若现的一只孤鸟或一位独钓（独行）的渔者（樵夫）的情景来表现清寂、孤傲等意境。如苏东坡评王维绘画所言，"诗中有画""画中有诗"。通过对绘画中这些具有诗意般意境的营造与品味，从而在欣赏绘画时领略到一种特有的效果。

图20　中国画［元］黄公望《富春山居图》（局部）

第七章

乐舞影像之美

一、概说乐舞影像

本章我们所谈的乐舞影像之美，主要是指生活中所涉及最广泛的音乐（唱歌、演奏乐曲）、舞蹈、影像（摄影、摄像、影视）这些艺术活动的美。也可以说，我们这里所讲的"乐舞影像"就是指音乐艺术、舞蹈艺术、摄影艺术、影视艺术四个类别。它们都和人们生活中的表情（娱乐）有关。在具体的艺术门类划分中，音乐、舞蹈属于表情艺术，摄影、影视属于综合艺术。

从古到今，音乐、舞蹈都是人们抒发情感、体验娱乐的一种重要方式。《诗大序》中有言："诗言志，歌咏言，言之不足故嗟叹之，嗟叹之不足故咏歌之，咏歌之不足，不知手之舞之，足之蹈之也。"这也就是讲，远古时期人们就开始借助于诗歌、音乐、舞蹈来抒发自己的情感。诗歌（语言）是最初的表达方式，而要强烈咏叹、表达某种强烈的情感，则需要以"歌"来咏叹。当特别高兴或特别悲伤时，诗歌这种轻描淡写的抒情已不能起作用，人们最后都是狂呼或手舞足蹈（舞蹈）来宣泄情感。所以，音乐舞蹈是人类非常重要的一种表情达意、娱乐交流的活动方式。当然，从古代社会开始，音乐舞蹈还有祭祀纪念（巫术）等重要社会功用，成为一种很广泛的社会（交流）活动，具有十分重要的社会意义。今天，随着人们物质生活水平的极大提高，精神生活也成为人们生活中十分重要的内容。听音乐、唱卡拉OK、欣赏舞蹈、跳广场舞、看电视电影、拍照留念或宣传展示某种活动（摄影），都是我们生活中无时无刻不存在的重要活动和主要的娱乐方式。人们下班休息时，喜欢去看看电影，或每到闲暇时就打开电视机，或去听音乐会（演唱会），或去跳广场舞，上下班途中坐车（或开车）时，如果觉得空闲无聊，也喜欢打开收音机或者影碟机，听音乐、看视频（现在手机视频内容很多，人们观看也非常方便），这些已成为人们生活中非常充实的主要活动。年轻人身体好，精力旺盛，在开车甚至看书时，也都喜欢戴着耳机听音乐。所以，音乐、影视、舞蹈等活动与人们的生活紧密相连。看电视（看手机视频）甚至是今天大多数人生活中不可或缺的内容。绝大部分人在日常生活中依靠看电视、听音乐来消遣打发时光。周末假期，很多人喜欢去参加一些舞蹈活动，如闲暇时，老年人喜欢去跳广场舞，年轻人喜欢去舞厅或者专门的体育舞蹈场所（现在体育舞蹈也是人们锻炼身体的一种非常重要的方式）。所以，无论老年人、中年人、青年人，无论是需要消遣时光还是排泄情绪，都会开展艺术欣赏或体育锻炼，音乐、舞蹈、影视与人们的生活密不可分。

很早以前，人们用图案、图画来记载生活中的活动场景、人物形象（画像），所以，绘画（图像）是人们记载生活、反映生活、开展社会交流的一种重要方式，也是人们抒情达意的一种重要方式。后来，照相机的发明代替了图画（画像），摄影技术迅速成为一门独立的艺术。近一二十年来，手机（拍照技术）的普及，人们随时都可以拿出手机来拍一拍身边所发生的一切。照相成为非常普及的一种行为（或者说一门艺术）。手机拍照技术的发达，人们随时可拍摄图像，制作视频（抖音），随手就发在网上供人们欣赏观看，这都使我们日常生活中的摄影摄像活动非常普及而简单。当然，从艺术角度而言，专业的摄影摄像、影视编导也是技术含量很高、审美效果很突出的一门艺术。无论从艺术角度，还是从生活实用角度来看，音乐、舞蹈、摄影、摄像、影视活动和人们的生活联系都非常紧密，在我们生活中也非常普及。

虽然随着社会的进步，音乐、舞蹈、摄影、摄像、影视这些活动都变得越来越方便，越来越普及，但并不是每一个人对这些活动都喜欢，或者说都有艺术欣赏的眼光。有的人听音乐可能就是出于无聊，他们并没有从音乐里听出什么美感，而似乎就是一些高低变化的声音而已；有的人即使观看最精美的舞蹈表演，他们也不会被舞蹈者的情绪情感所激发而产生共鸣，或舞蹈者手势、身体姿势的变化，在他们眼里或许就是一些无意义的动作比画而已，而对舞蹈表演的意境无动于衷，当然他们也就不能得到应有的审美享受和感染。摄影、摄像虽然也是一门很高雅的艺术，但是很多人却不一定认为其艺术高妙在何处，有的人拿着高质量、操作非常方便的手机拍照，但拍出来的镜头场景毫无美感，拍出的人物形象甚至是对被拍摄者的丑化，比真实的人难看。所以，虽然音乐、舞蹈、摄影、摄像是非常普及的活动，也具有非常高雅的、丰富的艺术性，但是，并不是所有人都能正确欣赏音乐、舞蹈、摄影、摄像艺术，甚至大多数人不能正确地开展这些非常简易的摄影摄像活动，或者无法在跳广场舞（体育舞蹈），唱卡拉 OK 等公共活动中去正确表现（表达）。有的人唱歌老是跑调，有的人跟着别人跳舞，肢体极不协调。这些问题，一方面是因为他们对音乐、舞蹈、摄影摄像的基本原理不明白，另一方面当然也是因为长期以来没有得到相关艺术知识的熏陶，从而没能激发起他们的艺术潜力或表达能力。要正确地欣赏音乐、舞蹈、摄影、摄像艺术，或者说准确地从事最基本的音乐表达（唱歌）、舞蹈表现和摄影摄像表达，还需要学习掌握音乐、舞蹈、摄影摄像的基本原理和相关技术，明白其审美原理和特征。

为了更好地阐述这几门艺术的审美特点，更准确地介绍它们的艺术内涵，这里，我们暂且按照乐舞与影像两类来分别介绍关于它们的审美特征。

图21 舞蹈《只此青绿》剧照

二、音乐舞蹈的审美特征

音乐与舞蹈二者联系紧密且有很多相通之处。虽然前者是通过声音来表达审美，后者是通过人体动作（造型）来表现审美与抒情，但二者联系十分紧密。一方面，舞蹈往往需要音乐节奏相伴随，演员配合音乐节奏起舞；另一方面，音乐表演中如果有舞蹈相陪伴，则音乐的表现更加声情并茂，形式更加丰富，情绪更加感人。二者在社会功用、社会价值与意义内涵表达方面也是相通的，都具有抒情娱乐、寓教于乐的作用。对于二者的审美效果与特征，我们可以结合起来阐述。

图 22 歌舞 ［明］仇英《汉宫春晓图》（局部）

其一，抒情之美。

就音乐来看，它是依靠声音来表现美，而这种美的声音（乐音）是通过声音高低的有机配合，通过强弱（长短）有规律的变化形成丰富的节奏和优美的旋律。虽然音乐里的声音（歌唱家的声音或某一种乐器发出的声音）都是较为单纯的对象，音乐的符号（乐谱）也相对比较简单，只有 20 多个音阶（声音的高低标准），但是在具体组合时又千变万化。高低不同、强弱不同、发出声响时间长短不同的组合，使乐曲的组合可以千变万化。声音搭配和谐的被称为乐音——好听的声音，搭配不和谐的我们就叫它噪声。

舞蹈是以人的身体动作为媒介来进行造型展示（表现、表演）的。舞者根据节奏的变化进行身体的扭动或舒展四肢形态来表现个人的情感。虽然看似只有舞蹈者简单的身体形态变化，但是配合着音乐的节奏，身体形态（造型）的多种变化所表现的情绪是多种多样的，所以，音乐与舞蹈被统称为表情艺术，就在于它首先具有抒情（表情）的美。

　　人们唱歌跳舞往往都是因为需要表达某种情绪。比如高兴时人们会大声呼喊，手舞足蹈。而这种呼喊通过声音高低的美化，最后就演变成了音乐。高兴时要手舞足蹈，悲伤时则捶胸顿足，所以情感状态不同，人们的身体表现姿态也会不同，通过人们不同体态的呈现，从而形成了舞蹈。音乐舞蹈的缘起都是人们抒情的需要，是人们表达喜怒哀乐的一种方式。当某一种情绪产生时，人们都会以适度咏叹、歌唱和身体的扭动来表达内心世界。今天，人们心情舒畅时都会随口哼上几句熟悉的音乐，常言说"高兴得跳起来"，跳动就是高兴的表现。生活中，当我们心情愉快，时间闲散，人们大多喜欢去听听音乐、唱唱歌、展示一下舞蹈。包括前面说到的现今生活中，有很多人习惯戴着耳机听着音乐工作或干事。哪怕是坐车、开车、看书、在计算机上从事工作时，只要能够分出心来，或者说只要感觉到无聊，有多余的精力，人们都喜欢一边做事、一边听音乐。因为音乐具有帮助人营造一种轻松愉快的环境，打发无聊时光的功能。当然，这种听音乐打发无聊时光，其实也是一种抒情表达和营造轻松愉快环境的方式。在欣赏音乐、舞蹈的过程中，我们通过一曲曲优美的音乐和舞蹈，也能从中感受到音乐表演者、舞蹈表演者所抒发表现的情绪。一些传世经典音乐舞蹈中，有的歌曲演唱让人充满力量，比如《义勇军进行曲》《国际歌》《游击队之歌》《石油工人之歌》等等。有的歌曲听着或唱着，就让人充满着伤痛之情或忧郁之爱，特别是现今流行歌曲中，如郑源的《曾经爱过你》《怎么会狠心伤我》，刘德华的《一起走过的日子》《天意》，张惠妹的《听海》，王强的《不想让你哭》等。这些歌唱爱情，歌唱生活快乐或空虚无聊或积极向上的音乐，都表达了丰富的情感。舞蹈同样如此。我们看各类晚会上的一些主题性节目，一些舞蹈节奏明快，动作有力，或表现武士的英雄阳刚，或者轻歌曼舞，节奏舒缓，以表现生活中的舒适优雅，这都体现了音乐舞蹈所具有的抒情之美。无论是我们在欣赏音乐舞蹈，还是自己从事唱歌、跳舞等活动，都要充分关注和体现其抒情写意的功能之美。

其二，象征意境的美。

无论是表情艺术还是造型艺术，如绘画、雕塑、书法、摄影、音乐、舞蹈、文学、影视等艺术门类，形象性都是其非常重要的审美特征。我们欣赏绘画、影视、摄影、雕塑、书法，都是通过直观的形象来感受其所要表现的事物对象与主题内涵。文学（诗歌、散文、小说）也是通过文字的描写来营造某种形象，读者通过阅读文字描写和理解感悟，在个人心中重塑一种形象。舞蹈虽然是以人体为媒介，舞蹈动作中所表达的一些动作也是以一些具体的形象模仿来表达某种主题内涵。比如舞蹈中模仿动物的活动，模仿自然界某种形象或人类活动的动作形象来表达某种主题，其形象表达也是非常重要的手段。音乐虽然是通过声音的高低变化，通过旋律、节奏来表达的一种审美主题，但音乐曲中仍然有形象的营造和表达。虽然音乐通过声音来塑造的形象是比较模糊和抽象的，但它仍然是存在的。比如说音乐《梁祝》中描写梁山伯与祝英台两人在不同阶段（相识、相处、分别、祭奠）的欢快和悲伤等不同情绪，通过乐曲明快的乐音或低沉的旋律来表达着欢乐和伤痛。在生活中关于欢乐的形象与悲伤的形象，对人来讲都是有感官经验的。人们都可以明显感受到他人处于欢乐时候的状态，手舞足蹈、眉飞色舞这样的动作，表现在音乐中就是很明快、很高亢、很舒展的声音；而悲伤哀痛的形象，一定是愁眉苦脸或捶胸顿足，这样的场景在音乐中便可以通过舒缓的、低沉的声音来表达人和动物处于悲伤时的形象。所以，音乐所表现的形象是比较抽象的。虽然舞蹈表现的动作、造型是直观的，但它要表现的具体意思不如绘画、雕塑、摄影那样直观形象。音乐舞蹈往往是通过声音、形态的类比模拟，重新塑造某种形象和环境。虽然音乐舞蹈通过抽象、象征的方法来营造某种主题和意境，难以直接看见和明白无误地展示，但正因为如此，它带给欣赏者的审美效果会更加丰富。因为欣赏者审美经验、生活阅历的不同，不同的欣赏者在内心凝练、重新塑造这种形象和意境时就会更为丰富，因而具有更为广阔的想象空间和审美空间。所以，音乐舞蹈具有象征意境之美，这也是其独特的审美特征。

其三，节奏韵律的美。

音乐舞蹈最突出的特征，也是它们与其他艺术相区别的特征，就是其独具的节奏之美。舞蹈具有表演动作的节奏变化，音乐节奏形成优美旋律，舞蹈所形成的不同造型姿态变化，这些都具有特别的韵律之美。所谓节奏，是指客观事物的一种合规律的、周期性变化的运动形式。它既可以指声音高低的有规律的变化（音乐节奏），也可以指人的行为、活动动作的一种周期性的变化运动形式（舞蹈节奏）。所以，在音乐舞蹈中，节奏是最为突出鲜明的特点。除此之外，音乐还讲究旋律，旋律是在节奏的基础上，声音高低形成一种和谐的变化——抑扬顿挫、高低强弱，从而形成一种优美的声音组合。所以，音乐中的节奏变化又可被称为旋律美。在音乐中，节奏与旋律都是最基本、最重要的表现手段。声音高低的变化及其和谐的搭配所形成的节奏和旋律，带给人听觉的舒适感。有听觉，又会激起人们的心情、脉搏变化，心跳跟着律动。所以，音乐之所以是最能够抒情的一门艺术，就在于它的声音节奏，通过听觉传输到人的大脑，引起人心跳的变化，从而产生身体的舒适感。人们在听音乐时，舒缓的节奏使人沉静，激昂的节奏使人振奋，沉重的节奏使人压抑，欢快的节奏使人陶醉。所以，不同的音乐节奏可以带给人们或平静舒缓，或激荡跳跃、心跳加快、内心震颤的各种不同的感受。

　　舞蹈同样如此。舞蹈的节奏一般是通过人体造型的有规律的变化，通过人体四肢动作的力度强弱、速度快慢以及动作幅度的大小来进行变化。所以，舞蹈中的节奏动作实际上体现的是人体姿势、动作的一种韵律美。舞蹈通过人体动作直接影响人的心跳脉搏。舞蹈中激昂的动作或快速、有力的动作，都能使人的心跳加速；舒缓、轻柔和沉静的动作可以让人安静，所产生的也是一种舒缓的、舒适的感受。所以，我们在欣赏音乐舞蹈时，可以通过音乐舞蹈中的节奏与旋律，让人身体得到一种感应式变化，心跳或快或慢，脉搏或快或慢，对人的身体形成一种冲击，让人产生舒适感。人的心跳或者随着音乐的节拍、舞蹈的动作节拍起伏而跳动。当舒适的音乐和节拍符合人体生理节奏时，就会让人感觉特别舒适；反之，现代一些特别夸张，特别激昂，特别刺激的音乐和舞蹈，也会让人体会到从未有过的心率加快，耳朵受到震颤，也会产生一些独到的、从未有过的、让人感到新奇的体验，这实际上也是一种特殊的享受。所以，有人在见惯了寻常的音乐舞蹈之后，对一些新奇的、另类的音乐舞蹈也会感兴趣。在我们生活中，如果疲劳烦闷，可以停下来去听听舒缓的音乐，让人变得更加沉静，或者内心压抑郁闷以后，去听听特别激动的音乐和舞蹈动作，使人的心跳极速加快或处于特别兴奋的状态中，也是对平常习以为常的生活状态的一种挑战和释放。所以，不同形式的音乐舞蹈，特别是一些激情昂扬的舞蹈，通常可以让人的心情得到极大的释放和宣泄，可以调节人的生活状态，使人们得到更多、更丰富的审美享受。

第四，动态的动作之美。

音乐与舞蹈都是一种动态的美。音乐通过声音的变化和时间的推进来展示出不同的声音，让人感受到音乐之美；舞蹈通过人体不断的动作变化，以一定的时间来进行表达，表现复杂变幻的、优美的动作。所以，音乐与舞蹈都是动态艺术，它们利用时间的变化，声音高低强弱的变化，身体动作姿态的变化，展示出人体动作造型之美和声音、音色变化之美。如果没有时间因素和动态因素，音乐舞蹈就没有丰富的表现性。就好比人的姿态，始终一个动作停留不动，无论造型多美（事实上也不可能像雕塑一样把一个鲜活的人的动作固定），给人的感觉也是枯燥乏味的，人总是要活动的，尤其是在舞蹈表演中，通过若干变换的形象来展示人体的丰富性。音乐更是如此。如果仅仅是一个声音，那就是噪声。一首优美的音乐总是通过复杂变幻的旋律不断演进，通过节奏变化、和声的搭配、曲调的高低演变来展示声音之美。所以，音乐与舞蹈，它们都具有节奏感和韵律感。舞蹈展示人体动态动作之美，音乐展示动态的旋律推进（播放）之美。人们在欣赏音乐和舞蹈时需要时间的推进，听一首歌，看一曲舞蹈或跳一曲舞蹈，都需要一定的时间。所以，音乐舞蹈也是人们消磨时间的一种方式。所谓消遣，就是指在一定的时间内去进行体验和表达的活动。音乐舞蹈的动态之美正好就是人们在一定时间内去表现、感受所展示的美。所以，音乐舞蹈也是一种时间艺术，它需要时间，并以独特的时间段向人们提供美、展示美，而这种美是以一种充满运动变化、对比的状态来完成的。它所表现的情感情绪也是不断变化、不断推进的。我们在欣赏音乐舞蹈时，常常内心情感会随着旋律的推进，舞蹈动作的推进而不断呈现出高潮迭起的状态。这种不断变化的情感情绪让人具有更多、更丰富的美感。这种不同变化也可以反映出人的不同心情和不同状态。喜乐、悲伤、抑郁、激动等情感情绪，用音乐舞蹈来表现乃是最好的方式。所以，音乐舞蹈也是人们最为喜欢，最为陶醉，也最能够引起共鸣的一门艺术，是生活中我们每个人都可以欣赏体验和直接参与的一门艺术。

三、影像的审美特征

本章节所谈的影像艺术包括摄影、摄像和影视（电影、电视以及今天各类视频等）等艺术。这些艺术类别有其共同点——借助于现代摄影技术，借助于照相（摄像）机，并运用画面（绘画布局）来记录人类活动、自然界各种事物对象，表达自然景象和人类社会活动、社会道德、理想追求、思想情感等内容。它们都是以画面呈现为基础，摄影是完全静态的瞬间活动（形态）记录，摄像和由此衍生出的影视（电影、电视、小视频等）艺术则是连续运动的画面。根据摄像技术原理，电影、电视画面也是由若干个静态的摄影画面串联起来的一组图像。所以，它们虽然看似是几个不同的艺术类别，实则原理是相通的。在审美途径上，也是依靠画面来达到让人认识、欣赏的目的。其艺术语言基本是一致的，都是由画面（图像及其光线、色彩色调）、镜头（构成图像的基本单位，也都需要用现代机器镜头来拍摄）来反映的。影视艺术因为是连续运动的场景，同时还有声音记录和相应的技术手段的使用等。所以，对于影像艺术，我们大体可以归纳为四个方面的审美特征。

（一）画面之美

画面是影像艺术得以存在和传播的物质基础，是影像创作者进行艺术思维的载体，也是创作者和观众进行交流的媒介，离开画面就没有摄影、电影、电视艺术。

影像作品的画面具有客观性、主观性和运动性。一方面，摄影、电影电视的画面都是由照相（摄影）机所摄录的一种客观视像，具有客观性。另一方面，影像画面又是根据摄影者（或导演）的意图进行选择性摄录，是一种艺术化的素材，具有主观性。影像画面最独特和最重要的特征是逼真性（是真实发生和存在的）。绘画、雕塑虽然也可以是对真实场景对象的反映（写生），但它还可以有加工成分，作者可以根据画面的需要来进行取舍，并非完全真实。而我们看到的影像画面是照相（摄像）机对自然界真实的景物的纪录，不能增加，也不能减少（当然现代图像处理技术后期可以做 PS 处理，但不容易达到其本身的自然状态）。摄影场景画面则是一直在运动中，我们会清楚地看到，真切地感受到人物在活动，时间在流动，场景在变化，事件在发展。

（二）镜头技术之美

摄影、摄像都是通过照相（摄像）机的镜头进行拍摄和表现的。现代摄影摄像技术不断提升，照相机的镜头有各种变焦，可以拍摄十分广阔、纵深、细微的场景或瞬间画面。比如野外动物最真实的活动、植物生长的不同状态、不同光线特别是强光下或暗夜中、水下、空中等场景使用红外线等各种技术拍摄到的影像，是人类肉眼所不能见到的图景，也是从古至今画家透过画笔难以描绘出的图像，这都是镜头技术带来的特别的美感。电影电视镜头拍摄技术就更为丰富了。

电影（电视）摄影机从开机到停机过程中，一次性连续拍摄的影像画面段落，是电影（电视）的基本单位。一个镜头一般包含若干不同的画面，从而形成电影视觉感受的丰富性、运动性，由于不同的叙事功能和表现特征，电影镜头分为不同性质的若干类别。

影视拍摄中，可以通过空镜头、主观镜头、客观镜头、运动镜头，通过镜头的推拉、摇摆、移动等技术带来平常人类肉眼难以观看（体验）到的更为特殊的美。

所谓空镜头就是画面里不出现人物或动物的镜头，又称景物镜头。景物镜头和前后的有人物出现的镜头组接在一起，可以交代故事发生的时间、地点，可进行时空转换，可表达人物的思想、情绪，可以创造意境，具有隐喻、联想、升华的艺术效果。例如，在电影《战舰波将金号》中，战舰向反动军队开炮时，连续出现了从不同角度拍摄的三个不同姿态的石狮的空镜头，给人的感觉是一只石狮怒吼着跳了起来，极富象征意味地隐喻着人民的觉醒与抗争。

主观镜头是指影片中通过某一人物的视线来观察、表现对象的镜头。这种镜头表示的是片中角色的视角，反映他的心理状态和感情色彩。通过放映，这种视角也被强加到观众身上，观众暂时站在角色的地位去共同体验、经历，产生身临其境的感觉，这对于观众理解人物有一定帮助。

绝大多数影片中的绝大部分镜头是客观镜头。它是指从不参与剧情的客观或中立的视角所拍摄的镜头。通过画面体现风格和艺术表现功能，观众可以通过客观叙述、描写扩大视野，参与事件进程，理解人物。它的客观性和中立性就剧中人物而言，不影响导演主观感受的表达，反而为导演不受约束发挥想象、完成创作意图大开方便之门。

运动镜头，摄影机的运动，主要指推、拉、移、升、降等运动摄影方式，又称移动摄影。移动摄影是指将摄影机固定在轨道移动车或其他运输工具上，或手提摄影机在机位移动中拍摄。它并不包括被摄对象是否运动。摄影机沿纵深方向运动叫推拉；沿水平方向运动叫横移；沿垂直方向运动叫升降；摄影机固定在原地，而只转动镜头的拍摄方法叫"摇"；摄影机与被摄对象保持运动速度、方向一致，进行跟踪拍摄，叫"跟"。

从摄影机的运动来看，镜头有推、拉、跟、摇、移镜头，以及综合运动镜头的区分。推镜头是指被摄体不动，摄影机由远及近向主体推进的连续画面。被报道的主体的主要部分由小变大，从而把观众的注意点吸引到所要表现的部位，它可以借助移动车向前推进拍摄而成，也可使用变焦距镜头，产生或急或缓的推的视觉效果。如《云水谣》的片头，画面从波涛汹涌的大海推到站在海里船上的男主人公秋水的小身影上，再推到秋水的脸部，成为一个脸部特写，展现他满脸的悲怆。

拉镜头则通过摄影机远离或利用变焦镜头，使被摄体在画幅中由大变小，由近变远，从而把观众的注意点分散到周围更广阔的背景中。在《天云山传奇》中，罗群与宋薇相爱，当宋薇在政治压力下不得不考虑与罗群断绝关系时，谢晋用了一个拉镜头，从写信的宋薇身上拉开，空空的房子，把宋薇写信时无限的惆怅、心灵的孤独和凄楚，表现得淋漓尽致。

跟镜头的被摄体在画面中的位置保持不变，摄影机始终保持一定距离追踪它，从而使画面具有一种连贯流畅的视觉效果。如《阿甘正传》中，几个小朋友用小石头砸阿甘，又骑着脚踏车去追赶他，他在路上奋力奔跑的镜头。

摇镜头是采用摇拍手法拍摄的镜头画面，拍摄时，摄影机

图 23　电影《阿甘正传》剧照

位置固定，通过三脚架的活动底盘进行上下或左右的转动。摇镜头具有纵览场景全貌，提示被摄体之间的关系，以及烘托情绪、渲染气氛的作用。

横移镜头，拍摄时镜头沿着水平方向左右移动，从而为观众展示一片广阔的场景。就像我们在生活中边走边往侧面看，或坐在车里观看车窗外的景致一般。

综合运动镜头是指在电影拍摄中，综合运用摄影机的多种运动形式连续拍摄，习惯上也称之为长镜头，它的主要特点是综合性，既指镜头的综合运动使画面出现多视角，多距离的运动变化，又指镜头内的场景、人物、事态、内容的多种变化，从而形成一个镜头的完整气氛，成为表现对象的丰富的内部语言。

此外，镜头表现中还有"特写、近景、中景、远景、全景"等不同展示方法。

特写，是景别中摄影机与被摄对象的视距最近的镜头画面。一般指人物肩部以上或与此相当的景物的镜头。特写具有突出、强调对象细部，以细微动作来表现人物心理的作用。大于特写的景别称为大特写或细部特写。

近景，表现人物腰部以上部位及其他相当的镜头画面，是电影景别中视距较近的一种，一般用来介绍人物的外貌、气度，对人物做肖像描写，或刻画人物的表情和细微动作，或展示人物之间的交流，揭示人物关系。

中景，指表现人体膝部以上及相应景物的镜头画面，它是影片拍摄中使用最多的一种景别，有很强的叙事功能。在中景中，演员可以用脸部表情、形体动作进行表演，可以一个人单独出现，也可以几个人同时出现，展示人物关系和矛盾冲突，此外，中景还可以表现一定范围的人物背景和场景，对衬托人物、营造气氛有一定效用。

全景，是表现人物全身或一个完整场景的镜头画面，在全景中，人物可以充分活动，人物之间的关系也能得到展示，在叙事上，它带有较强客观性，多用来叙述剧情，提示情节的关联。

远景是用来表现广阔的空间、景物、场面的画面景别。远景视野宽阔，能包容很大空间内的景物、风光、人物的活动，使人、物、环境及其背景融为一体，适于表现盛大的群众活动场面，展示事件的背景、环境的全貌，整体感很强，另外，还常用于渲染环境气氛，抒发情怀，创造辽阔宏大的意境。大于远景的景别，称大远景，如高空、望远摄影等。此外，画面的光、影、色彩都有一定的表情达意作用。

相比较而言，关于影视作品的"镜头"，我们介绍较多，这是在影视拍摄中一些烘托、渲染场景，形成一些特别具有艺术感染力的画面的专业性技法，就如画家采用什么样的角度去观察、表现物体，从而使物体更美，更符合所要表达的主题氛围与意境一样。同时，也是我们观赏影视作品时体验其艺术魅力的一种参照标准。因此，要深入地、专业性地欣赏影视作品，我们就不得不对这些技巧和元素加以考察。

（三）场景真实之美

摄影摄像就是用镜头记录社会生活、自然场景中实际存在的客观物体的形状、形态、色彩、动作等，同时记录其所处的周围环境，是最能真实反映生活的。它与绘画、雕塑不同，只能表现实实在在、客观存在的事物，而不能够虚拟或增加减少某些事物对象（虽然拍摄场景是可以选择不同角度及其场景范围，让有的事物对象排除在画面之外，但是只要进入摄像机镜头的场景及所有对象物体都将被拍摄下来），也不能表现未来和过去的事物。虽然摄影摄像的画面（照片）可以保存很久，从时间发展角度看，前面的照片是属于记录过去，但拍摄之时所记录的是当下的真实，拍摄时真实存在的瞬间，是活生生的人物、动物、植物，是鲜活的场景，是具有生命活力的、逼真的真人真事。所以，摄影、摄像具有（表现生活的）真实性、（记录当下事件的）纪实性等特点，所表现的对象是人们眼睛可直接见到的真实存在。对于摄影摄像所记录的场面，我们可以感受到生活中原本的真实场景，自然具有一种亲切感、真实感，让观者有置身其中的感觉。当然，也具有被真实场景所感染的美感。这是其他艺术所不具备的描写场景真实之美的能力。正因为这种描写的真实性与纪实性，摄影摄像可以直接反映社会现实、记录社会活动，更为观者所重视。

（四）综合技术之美

摄影、摄像都是依赖于现代科技手段，摄影所反映的画面场景，虽然来源于社会真实，但也可以进行特殊的光线处理和特别的镜头（观察角度）的处理，因而摄影（摄像）机镜头所反映的事物对象，既真实又有艺术的效果。摄影摄像来源于真实生活而又比真实的场景更美，特别是影视作品通过各种镜头的变换技术处理、各种画面内外声音的搭配、音乐的搭配、场景的搭配，使其图像场景既符合日常生活所见的真实性，同时又有所搭配，音乐、旁白、镜头推拉移动观看、各种角度的俯瞰等手段的配合，所表现的画面与场景，自然也就高于生活的真实。摄影摄像中多种技术手段的综合运用，使得到的影像更具有丰富的艺术感染力。比如影视作品中，常常以音乐提示角色的情感和烘托情绪，以画外音来进行旁白，声源在画面以外的各种声音对画面也会产生强大的塑造作用。它能突破画幅的限制，把电影电视的表现空间扩展到画面之外，来丰富画面的内容和表现力。所以，影视艺术利用剪辑、特别的镜头拍摄和声音搭配的作用，使所表达刻画的人物形象更为丰满，情节发展更为引人入胜，表现主题更为突出，补充延伸画面，扩展画面容量，渲染气氛，表达情绪，从而使影像艺术具有更为丰富的魅力。

四、音乐的欣赏方法与步骤

音乐是声音的艺术，它在表现万事万物时都是用抽象的声音来表现一种模糊的形象或情感内容。它没有绘画那样的具象刻画，再现自然界的形象，也不像文学作品那样用人们最熟悉的语言来描绘，不像戏剧那样通过故事情节的表演再现生活，但是，作曲家运用了能振动人们的心律，唤起人们内心深处情感的声音方式来表现生活，表现社会人生。它甚至可以以同样的声音激励和调动不同的欣赏者更加丰富多样的情感。所以，有人说音乐是"最艺术的艺术"。比如，肖斯塔科维奇的《第五交响曲》在首演时被评论为描写苏联人民与德国侵略者的殊死搏斗，而在肖斯塔科维奇去世后出版的回忆录里，却说这首恢宏的乐曲是描写斯大林的残暴和人们的不满，并且各方面的说法都十分有据。音乐以抽象的方式来描写现实世界，但并不影响人们的模糊审美效果。比如，普罗柯菲耶夫的《彼得与狼》中鸟、猫、狼、鸭子、老爷爷等形象，并不完全依靠模拟声音，人们通过想象和联想，仍然能感到其丰富的形象美。音乐的创作赋予了作者丰富的情感，而在欣赏过程中更是一个欣赏者的再创作过程。音乐欣赏中每个人之所以感受、理解不一致，还因为每个人的生活阅历、情感经历不一样。面对同样的作品，有人无动于衷，有人却激越不已，联想万千。所以，听音乐也可以不必非得"听懂"它所表现的内容，而完全可以根据自己的体验去理解音乐，或者仅仅凭借听觉来感知音乐的美。

在音乐欣赏中，欣赏者应当注意按照音乐特有的规律去理解欣赏。要加强对音乐作品各方面知识的掌握，学习有关诸如主题、曲式、节奏节拍、体裁与题材等知识，提高耳朵对音乐音响的敏感度，了解作品的历史背景、作曲家的创作手法特点等，才能更好地理解和体验音乐的美。

在音乐欣赏中，还要注意体会音乐的主要属性：谐趣性、语义性和表情性。音乐的谐趣性是音乐审美过程中给予人们以高尚趣味的性能。比如中国民间器乐曲《放驴》《顶嘴》用活泼诙谐的曲调和特殊的演技来表现农民们憨厚而风趣的性格。音乐的语义性则是前面所说的音乐用特有的旋律方式来模糊、抽象、粗线条式地表现情节、人物形象、历史事件的特性。音乐的表情性是指音乐表达情感的审美功能，这也是音乐最擅长的一个方面。音乐可以表达人们喜怒哀乐各种情绪，而且感情的表现有时如泣如诉，非常丰富细腻。比如刘天华的二胡独奏曲《病中吟》，用柔和而连绵不断的低回高转的曲调，表达出倾诉不完的郁闷和愁绪。所以，在音乐欣赏中，关键是要运用一种和创作者联系起来的纽带，那就是想象、联想和情感体验，并由此引起和作品表现过程中的情感共鸣，达到感悟人生、抒发情感、陶冶情灵、休闲娱乐的艺术欣赏效果。

音乐欣赏可以分为三个步骤：

第一是对音乐形式美的欣赏。这是知觉的欣赏，是对音乐的谐趣性的认识。音乐为什么能打动人心呢？关键就是音乐中大量的谐趣性因素使人一听就被深深地吸引，觉得它动听、优美，引起我们感官的愉快。其中最容易使我们感受到的就是其旋律和节奏，它们可以被模唱，便于记忆。

第二是对情感的体味。尽管音乐中所表现的情感较为隐晦，但当音乐的旋律由高到低或由低到高，节奏由快到慢或由慢到快，力度由强到弱或由弱转强，我们的情绪会为之波动，情感会随音乐的行进而不断起伏。尽管其情感不会像读文学作品、观看戏剧时那样的爱憎分明，但其变化的情绪会引起听者内心深层的情感联想，特别是对社会人生感触所涌起的喜怒哀乐，别有一番滋味。

第三是对音乐内容的理性欣赏，这是音乐欣赏的高级阶段。一方面，我们借助资料，对音乐的语义性因素进行一番了解和研究，诸如标题、歌词、作曲家的个性和创作动机等；另一方面，在获得必要的音乐理论常识后，对音乐的结构、旋律、和声、配器等方面做详尽的分析，以达到对音乐的全面理解。通常这是最难也最深入的阶段，需要我们结合各方面知识和全身心投入欣赏。

五、影像艺术的审美鉴赏方法

（一）对于自己喜欢的作品可以反复欣赏

人们接触一部影像作品，当看第一遍的时候，往往都是被其剧情（故事情节）所吸引，所能记住的也主要是剧中人物活动、故事情节等因素，如果不是像专业文艺工作者那样有心地进行赏析，从故事情节、拍摄技巧、画面构图等方面去进行注意和品评，往往都谈不上是鉴赏影像艺术。而在看第二遍、第三遍甚至更多遍的时候，一般观众大都会慢慢从故事情节中跳出来，去开始品味，去比较细致冷静地分析剧情、人物形象及其性格特征、摄影技巧、演员的演技等艺术问题。从表面看，影视艺术是以剧情来感染人、教育人，但如果从专业的角度去欣赏和评判，就要求比较严格。就像在一般观众都被剧中某一个情节所感染和陶醉，甚至激动落泪时，而专业的欣赏者却会从演技、场景、构图美感等方面来进行审视和思考，评价故事的表达是否合宜，场景安排是否得当，摄影师的光线及构图是否正确，等等。所以，影像作品的鉴赏需要理性，需要专业评判标准，需要不断深入地进行研究式的探讨和评判。当然，反复欣赏，反复观看（考察）也是必须进行的方式和途径。一般来说，反复欣赏一部影视作品必然每次都会有新的收获。有人讲，看《红楼梦》，十年前看是一种状态，五年前看是一种状态，当下看又是一番不同的感受。这也说明，随着个人年龄、阅历、心情和时代文化氛围的不同，人们在欣赏影像作品时的效果和感受也就不一样。比如当我们看一部电影，因为第一次对该片中的一切都还无知，第一遍往往走马观花，最多记住了剧中人物与故事情节。而再看第二遍时，就可能看到第一遍所忽略的东西。著名的影视专家周传基先生曾说过，"第一遍不加分析地傻看，找感觉；第二遍只看光是怎么处理的，但没看清楚；第三遍再看一遍光；第四遍找摄影机及人物的调度；第五遍找剪辑点；第六遍看演员表演；第七遍只听音乐的用法；第八遍听环境音响；第九遍看色彩，等等"。一位专业影像工作者在鉴赏影片时尚且如此，一遍一遍地深入，才能不断获得新的体验和收获，我们一般的观众在观看和鉴赏一部影视作品时，更是需要不断地、反复地观看和品味、反复地考察，才能比较全面地鉴赏一部影视作品。

（二）要反复欣赏经典影像作品

世界电影史虽然历史并不长，却涌现了很多大师和堪称经典的影像作品，这些大师的经典作品是我们深刻领会影视艺术的最好的切入点。电影作品是需要通过视觉、听觉以及视听结合所产生的形象，来给观众以美的享受，获得审美鉴赏的效果。在电影发展史上，能被业界和观众称誉为大师的，往往都是对电影艺术语言掌握得非常深刻，对影视艺术的表现力把握得非常到位的艺术高手。他们无论在电影编导、表演展示技巧，还是在作品的主题精神表现、影片所反映的社会生活各方面内涵，都非常生动，非常具有艺术的感染力。他们不为商业利益或庸俗的社会习俗、浮华权势等所左右，而是以他们对艺术的执着、对他们所处世界有着比常人更深刻的认识，更能够以其艺术语言来反映社会深层的矛盾冲突和人生命运、人类价值等重要命题。所以，看这类影像作品，我们不但可以得到艺术的熏陶，感受到影视艺术最精彩的地方，更能够从这些作品中来思考社会、思考人生，并感受到人类命运的哲理，得到无限的启发和感染。比如电影史上曾经涌现的瑞典电影大师伯格曼，他的《第七封印》拍摄于"冷战"紧张的阶段，超级大国的核武器对抗威胁着整个人类的命运。伯格曼在电影中采用象征和隐喻的手法，描写一个中世纪的故事。片名《第七封印》来自《圣经》中的启示录，当耶稣拆开第七封印，这就是世界末日和最后审判的信号。十年前被骗去参加远征的骑士和他的随从疲惫地登上回家的旅途，却发现世界已经被笼罩在可怕的瘟疫之中。人们充满着恐惧并向上帝祷告。在海边，身披黑斗篷，手持大镰刀的死神降临了，他要带走骑士的灵魂。骑士和死神以棋局来决定自己的生死。骑士最后失败了，却在最后时刻使一对青年夫妇和他们的幼子逃离了死神的控制，这一家三口便是耶稣一家。影片通过这个故事，表达了在那个被核武器威胁着的世界，人们对生命、善良和友爱的企求。因此这部影片得到了人们的高度喜爱。

著名的日本电影大师黑泽明也是一个有着高度创造力和归纳能力的业界大师。他以东方人特有的智慧在他的影片中探讨着人与人之间、人与自然之间微妙的情感和复杂的关系。他在影片《活下去》中，塑造了一个曾经一生浑浑噩噩的小职员，在得知自己只剩三个月生命时，却为建造城里唯一一座儿童乐园而奔走，他死后给人们留下了深深的怀念的故事。影片通过"人之将死其行也善"这样一个人物形象，反映了人类生命的可贵和人性深处的善良。这对于普通观众具有深深的震撼力。像这种例子还有很多。许多堪称电影大师的作品，常常通过一个生活中很可能发生或很常见的人物故事，或人们熟知的寓言故事来反映一个深刻的社会问题、人生主题。特别是通过精彩的编导和表演，故事情节引人入胜，人物形象鲜活而优美崇高，能让观众产生久久萦绕脑间而难以忘怀的艺术影响力。

（三）要多与同行朋友交流影像鉴赏的感受

欣赏任何一件艺术品，不同的欣赏者始终有不同的感受，或者说可能是大同小异，只要面对同一个主题内容的艺术品，欣赏者其基本的、主流的感受应该是差不多的，但在细节方面可能就千差万别了。甚至有的内容（感受）一些欣赏者能欣赏到，而另一些欣赏者就不能觉察到。所以，在艺术欣赏中，欣赏者之间的交流非常重要。一方面，可以互通有无，互相提示，互相促进，一个欣赏者没能看到（觉察体验到）的内容，却被另外的欣赏者发现和感受，这样互相一交流，就会使欣赏者之间互相提示启发和增加艺术鉴赏内容，提升艺术鉴赏力。如果有年岁不同的观众之间的交流，年轻的朋友们就会从中欣赏到影片编导更多的用心之处。而有不同经历的人们的交流，可以更好地发掘出这部影视作品的艺术魅力。电影史上有一部作品《小城之春》，这部拍摄于1948年的影片在中国电影史上的反响大起大落。影片讲述了一个发生在1946年的南方小城的故事。少妇周玉纹和丈夫戴礼言、小姑戴秀、仆人老黄住在被战火毁灭大半的家里。夫妻间看似相敬，实则有隔阂。一天家里来了位客人，丈夫礼言的好友医生章志忱从上海来探望他。玉纹发现章志忱正是自己的初恋情人，两人的情感再次萌发却又努力克制，但还是被丈夫礼言发现。他为了使妻子得到幸福决定自杀，结果却被章医生救活，最终医生志忱离去，玉纹夫妇重归平常生活。这部影片剧情很简单，人物只有五六个，时间跨度只有十天，也没有什么激烈的情节。影片上演后在20世纪四五十年代并没有什么强烈反响，评论界也没有过多的关注。可是，到了20世纪80年代再次上映时却收到了意想不到的反响。评论家说，该片揭示了小资产阶级知识分子的生存状态、精神面貌和文化心理结构，影片含蓄蕴藉，富有诗意，是"东方电影"的经典，具有强烈的艺术感染力和独到的审美价值，甚至被评为中国十大电影佳作之首。为什么同一部电影在相隔几十年上映时会产生如此不同的鉴赏效果？观众的欣赏素养、不同时代的文化心理结构、时代审美追求标准不同是这部影片产生如此天壤之别的反响的主要原因。这也说明，不同时代的观众、不同的鉴赏对象对于一件艺术作品的鉴赏效果有很大差别。如果，前后的欣赏者会有交流，特别是后来的欣赏者了解前者，了解不同时代文化背景，特别是影片的制造者——影视编导和不同时代的观众有所交流，定会使一部影视作品的艺术内涵被发掘到极致，使影视作品产生最佳的鉴赏效果。

（四）欣赏中有意识地重点记忆

我们欣赏一部电影，不能走马观花式随便粗略地浏览一遍后什么也没记住。如果是这样，那仅仅是进行应付式"消遣"。正确地欣赏影视作品，有品位、有效地观赏影视作品应当要有所得。这个"有所得"，就是要在自己心中留下印象，在观看时就要有意识地重点记忆。比如这部影片的摄影很有特色，或者这部影片的图像很美，或者其剧情安排曲折回环，很能引起人的期盼和猜想，等等。我们就应该记下来，或者进行影片内一些镜头之间的对比，或者与其他影片进行对比。有时候甚至还可以做一些笔记，既能加深印象，也为一些朋友进行深入的研究奠定基础。即使仅为一般欣赏者，不会去费更多精力做研究，也会留下更深刻的印象，从而在欣赏这部影片中获得最好的鉴赏效果。

　　作为影视片来说，我们欣赏时应该重点记住哪些方面呢？除了基本的内容、故事情节和有特色的场景外，这里还主要包括影片的艺术手法、艺术风格、艺术内涵等，都可以说是影片的"艺术重点"。不过一般人观赏时对于这些词语恐怕还不是那么熟悉。对一位刚刚涉足影视鉴赏或者说普通的观众来说，我认为可以先把重点放在基本可视的、易于理解的东西上面。例如，张艺谋的电影《有话好好说》，前些年刚放映时给人印象最深的恐怕就是摄影机似乎在不断晃动，镜头不断切换，让人看得眼花缭乱。对鉴赏者来说，这部影片的摄影就是特色。我们可以从中体会和理解摄影是怎样为剧情服务的。剧中人物赵小帅对女友安红偏执而又可笑的追求过程，狂乱而有悖常理。如果用常规的、平稳安静的摄影手法，恐怕就很难把这种狂躁的感觉表达出来。又如，西班牙导演阿尔莫多瓦的电影《精神濒临崩溃的女人》，我们从中会发现该片的色彩极其鲜明而夸张。这和西班牙热情豪放的民族特点是一致的。同时，这种色彩的运用在本片中还有特殊意义，那就是以看上去虚假而风格化的色彩处理，衬托了剧中人物的空虚无聊的内心世界。这也是该片值得重点记忆和理解的东西。

　　（五）要了解影像历史及其基本的艺术技巧

　　要想深入鉴赏影像作品，对影像作品有着更深刻、更专业、更全面的艺术鉴赏，还必须掌握和了解其艺术史。

我们要准确鉴赏影视作品，就必须从比较专业的角度去了解这部影视作品的社会背景、艺术思潮，了解它是如何继承和借鉴以往的影视传统，如何对该部作品进行创新的。如前所述，电影从1895年诞生，先后经过了若干个阶段的技术创新、表现手法的创新。其画面镜头、声音配置等各项技术手段不断提升，画面色彩不断改进，使其更加具有观赏性。在影视作品的编导创作方面，不同时期的编导、摄影者采用了各种不同的创作表现手法，也使其艺术风格不断丰富。特别是随着时代的更替，各种文艺思潮、流派，不同的审美习俗，都对影视作品产生了巨大影响。如果我们不了解影视艺术的历史，可能就不理解特定时期的影视作品的艺术魅力之所在，就会对一些独具风格的作品不理解，或者说不能对其艺术魅力一一领略。

当然，要系统、全面而有专业效果地鉴赏影像作品，还必须了解影像艺术的基本技巧。如前所述，电影电视首先是由画面构成的。这种画面既与绘画的图案欣赏原理相通，也有所异。它是以特定的图案（图像）来反映对象（人物的肢体活动、场景的展示等），表达一定的主题（如人物活动的坐立行走动作，在干什么事情，场景是怎样一种情况，表达所反映的任务、场景、故事情节、活动结果等），从而让人们从画面（图像）视觉上了解人物、故事与社会生活场景的一种途径。同时，它在图像（画面）的展示上，还要具有一种视觉美感，让人在观赏画面时，通过图像的色彩、构图形式、主体对象的展示来获得一种美感，从而得到艺术的享受。而要形成和营造这种美的图像（画面），就必须采用一些特殊的摄影（制作）方法，采用如蒙太奇（影响剪辑）手段，采用推、拉、摇、移多种摄影方法，采用特别的远景、近景等特写方法，以及采用适当的声音组合、画外音的补充、音乐的搭配等方法。所以，要正确地、深入地、有效地鉴赏影视艺术作品，就必须了解相应的艺术手段，才能更好地欣赏到作品所具有的艺术性，才能充分发现一件作品的艺术魅力。

第八章

道德礼仪之美

　　前几章关于自然景观、建筑园林、服饰器用、茶酒饮食、诗文书画、影像歌舞等对象，都是人们生活在这个世界上时时刻刻或经常要接触到的对象。它们中有的是人类赖以生存的物质基础，有的是人类生活生长其间的环境空间，有的是人类长期进化过程中形成的精神娱乐方式。一方面，它们几乎都是物质对象，是供人们享用或观赏的对象，甚至都成了一门专门的艺术，如建筑艺术、服饰艺术、影视艺术、书画艺术等。另一方面，人们在消费（享受）这些物质条件时，也享受了它们作为艺术所带给人的丰富的精神愉悦。从艺术本质来说，它们都具有审美的特征和功能。

　　人类生活中，除了上述这些物质对象外，还有一类重要对象——那就是由人类自身活动所衍生出来的一些行为规范，即道德礼仪。道德礼仪所涵盖的范围非常广泛——人类的言谈举止，人与人之间交往的各种行为、各种情感心理活动等都在其中，它们既是由人类自身的活动行为方式构成，同时也深深地影响他人（社会群体）的生活方式、审美行为、审美效果，也是人类社会活动中非常重要的一类审美鉴赏活动。我们分而述之。

一、道德之美

所谓"道德"，是人类的一种意识形态，具体表现为人类在共同生活中所体现出的行为准则规范。"道"是指自然界万物运行与人世共通的一种规则；"德"则是指人所具有的德性、品行、王道。《说文解字》中言，"德"是指眼睛直视"所行之路"的方向。从甲骨文中"德"（𢛳）字的字形看，其左侧是两个弯曲的笔画组合，上方一个"＞"，下方一个"＞"，表示能量和气流。"德"字的右边，下面是一只"眼睛"，"眼睛"上用了一条竖直的线，表示用眼睛看着天上，接受天上的信息，照着天意大道规律去为人行事。也有解释说，这个"｜"是指看问题的眼光是直的，含有正直的意思。所以，甲骨文中的"德"字从释义看，其最原初的意思是指行为要遵循道的规律，看问题眼光要端直（正直），按规矩办事，有较高的品行修为的人。

在中国社会早期，"道"与"德"是分开的两个概念而没有连用。战国时荀子《劝学》篇中始见"道德"一词："故学至乎礼而止矣，夫是之谓道德之极。"而在西方古代文化中，

214

"道德"（morality）一词起源于拉丁语的"Mores"，意为风俗和习惯，显然和中国古人的理解不一致。

所谓"礼仪"，是指人类行为的礼节和仪式。其语出自《诗经·小雅·楚茨》，"献酬交错，礼仪卒度"。意思是说，人们在社会交往活动中为了相互尊重，在仪容、仪表、仪态、仪式、言谈举止等方面形成了约定俗成的，共同认可的行为规范。礼仪也包括有礼节、礼貌、仪态和仪式等含义。

礼仪是人与人或者人与事物之间关系的一种行为方式，比如因信任、尊重、臣服、祝贺等而进行的活动（行为）。礼仪是人们约定俗成的对人、对己、对鬼神、对大自然表示尊重、敬畏和祈求等意识而惯用的一种形式或行为规范。比如对人尊敬、敬畏时，以磕头、鞠躬、拱手、问候等形式应对；而且这些仪式大多是集体性的，有时需要借助其他物品来完成，如在房屋奠基、船只下水、庆典迎宾、结婚、祭奠祖先时摆放供品，以供品敬奉神灵、天地。当然，后来演变成人们生活中的各种仪式，很多是为了答谢、尊敬、客套等而进行的活动。

总体来看，道德礼仪是人类自身的一种行为活动，并由这些行动（举止）演变出的一种可供他人学习模仿的行为规范。在人类生活之中，高尚的道德行为与优雅的礼仪活动，不但表达敬意，而且还具有审美功能。比如朋友见面握手或拥抱，学生见到老师、幼辈见到长辈、下属见到上级时或微笑问好，或举手行礼，其身体行为本身就是一种很优美的姿势。虽然这些活动不是艺术，只是人们生活中的一种日常规范行为，但它同样具有审美的功能。而且，这种由人类自身所创造和形成的行为举止、姿势动作规范之美，与前述物质之美相比较，会更具有直接的温暖感人的效果，具有榜样示范作用。

人类经过若干年进化进入文明社会，人类的"文明"有着诸多表现：重情感，讲秩序，注重行为规范，社会发展和谐有序。而维系人类社会文明状态的条件，一方面需要国家制度、法律条款甚至以军队武力来强行约束，另一非常重要的方式就是人们约定俗成并自觉遵守的道德规范。

人类长期都按照约定俗成的道德规范行事，也就形成了人类行为的一种榜样和风气、风范，所以人们也将"道德风范"合称。大家都奉行遵守的道德成为社会秩序中的一种榜样，也就是好的作风，好的规范，故称"风范"。道德风范主要是一种情感表达的规范行为，情感表达当然也是一种行为，道德风范具体体现为人类生活中的各种情感表达方式和具体行为。人类情感除了喜、怒、哀、乐以外，还有爱、恨、忧、思、友善与尊敬、怜悯与厌恶等多种情感。数千年的文明进化使人类社会建立了一定的社会秩序，而这种社会持续，除了用法律、武力来约束以外，另一非常重要的途径就是道德风范引领。

道德风范涉及范围很广，它包括人与人之间相处的行为规范、亲情血缘关系和人自身的思想行动方式等。具体来讲，从人之所言、所行、所思、所想，都会涉及。人之所言，比如人

图 24　礼仪活动　　［南宋］《杂剧打花鼓》

们之间交流交往时的语言，人与人之间的称呼，人们之间相处
的关系与行为，人们做事的态度和行为规范，等等。我们大体
可以从亲情伦理、男女爱情、朋友之间以及一般人之间的相处
和友爱关系，以及个人行为做事的态度、精神等几个方面来阐
述道德风范之美。

　　第一，长幼有序的亲情伦理之美。

　　人类社会自身的繁衍需要通过男女结合，一代代生育繁衍。人类不同于动物，男女之间的结合不是随便而为的，它有具体的伦理规范、婚姻与血缘关系规范。父母结婚生下孩子，孩子之间是兄弟姐妹，情同手足，父母和孩子之间是最直接的血缘关系，孩子长大后将和外族没有血缘关系的异性通婚，再生下的孩子是第三代，他们与上上一辈为祖孙关系。中国现行法律规定三代以内的父子、爷孙、表兄弟姐妹、堂兄弟姐妹等都属于近亲，是绝不能通婚的。从道德规范来看，中国封建社会还曾讲究同族内若干代（同姓）都不能通婚。又如抚育关系，每个人都有自己的父母，也都有自己的孩子，父母结合生下孩子并养育孩子，成为一种固定的义务。父母在抚养孩子过程中会付出很多辛劳；同样，当父母年老以后会体弱多病，生活能力减弱，这时候就应该由孩子来扶养（赡养）父母，这也是作为子女必须尽的一份责任。所以，在人类繁衍过程中就形成了"幼有所育，老有所养"，每一代人都有向下养育子女，向上扶养老人的责任和义务。这样，人类（特别是一个家族）才会正常繁衍下去，每个人才能健康生活。否则，如果没有这种养老育幼的责任，人类自身就不可能正常成长、代代繁衍。因此，人类就形成了亲情伦理关系。而其首要关系则取决于血缘与生育抚养关系。历代社会，无论是国家的法律制度，还是人类自身形成的道德约束机制，都确定了父母对子女的抚养关系和子女对年老的父母的赡养责任。除了单个家庭之外，从整个社会来看，因为幼小的孩子和特别老的老人在生活能力上不足，都需要关心养护，而不仅仅依赖其自身的血缘关系。可能因为各种原因，没有子女的人老了，或者刚出生不久的幼儿丧失父母，如果没有社会中其他人（或政府）的帮助，就不能生存下去。所以，为了整个社会的健康运行，从而约定了年轻力壮的人必须尊老爱幼，人类才是一个和谐有序、健康发展的社会体系。所以，中国古代社会很早就形成了"老吾老以及人之老，幼吾幼以及人之幼"的社会道德风尚。也正因为这种尊老爱幼、养老育幼的社会道德伦理，使整个社会运行非常有序，社会更加和谐，人类自身的发展也才更加顺利。

第二，男女交欢的爱情之美。

人类男女结合繁衍后代，也有一定的规则和习俗，不像动物一般随意交媾。这一方面是因为人类的生理特点决定的血缘优化关系；另一方面是因为抚育孩子和赡养老人所必须担负的社会责任以及亲情伦理关系决定了男女结合的情感（爱情）必须专一。为了社会有序，人类的爱情必须专一。因为，在人生历程中，每个人都会遇到各种事情，爱情方面也会面临诸多考验。比如男女自身成长、社会地位变化、身体能力变化等情况具有不可预见性，都决定了男女爱情必须专一，需要忠贞，才能维持良好的社会秩序。男女爱情从相识、相知、相爱、相守的一系列的行为规范也为爱情的专一奠定了基础。关于人类的爱情之美，历代文学作品、民间传说中都有许多歌颂爱情忠贞的美好故事。这一方面是对社会行为规范的遵循与维系，另一方面也展示了男女爱情之间本身所具有的相思、相知、相恋、相守的美好行为。历代文学作品中论述男女爱情的忠贞、相思，都有很多优美的诗句，比如《红楼梦》《杜十娘》《梁祝》等，把人类男女情感描写得缠绵优美。特别是恋爱中男女相思所具有的思恋、追求、相守的甜蜜滋味，一代代人对爱情之美的美好传说，共同描绘了人类爱情之美。

第三，人与人相处的谦虚和达、友爱善良之美。

人类共同生活于一定的地域（地区或国家），每个人为了生存都要占用一定的资源条件。但是自然资源总是有限的，不可能被无限占有。所以，从远古时期的部落人群开始，人们就学会和约定了与人共享生活、生存资源。部落中凡是捕到一头肉食动物，就要让所有人分享成果，"山中打猎，见者有份"。这一方面是因为肉食资源有限，不是人人都可随便得到，或者即使被某人或少数人独占，他也不可能慢慢享受这一食物，因为很快就会烂掉。同时，只有让所有人都享受这一成果，族内人才能更好地生存下去，特别是老人小孩，部落队伍也才能不断壮大，才能保证不被外族所灭，今后也才有条件捕到更多食物，谋求更好发展。所以，在原始社会即有"共产"之风，这也是早期社会保障人类发展繁衍的最好机制。基于此，人与人之间就必须相互关爱，和谐相处，而不能自相欺压残杀。这就是人类友爱的原始理论依据，并一直传承下来。另外，人类因

220

为数量众多，每个人无论智慧、能力方面都有其长处和短处。如果以自己的长处去比别人的短处，就会有优越感，会让别人反感，因为这是见识短浅、骄傲自满的表现。中国自古就有俗话，"谦受益，满招损""人外有人，天外有天"，每个人都不可能尽善尽美，每个人与他人相比也都有短处和不足，"尺有所短，寸有所长"。在与人相处时不能只与别人比自己的长处，而要充分认识到自己的短处所在，才能获得别人的认可，谋得自身的发展。这就是人与人的相处之道——谦虚和达，这样才能获得别人的认可与帮助。人类的谦虚和达、为人友善，乃是人与人交往中的美好德行。

第四，人类之间的忠贞忠诚、诚信守约之美。

人类世界是一个有序的世界，人与人之间必须坦诚相见，行为真实，态度真诚，言行一致，诚信守约，人与人之间的交往才会正常维系下去，才会形成良好的社会秩序。所以，忠贞忠诚、诚信守约也是一种良好的社会道德规范，它需要人们共同遵守和约定，社会的秩序才会更加有序良好。历代社会中都强调诚信做人，诚实守约，共同践行良好的社会秩序规范。人类如果缺失了诚信，互相隐瞒，互相欺骗，缺失了守约，人们的交往将不会有第二次，没有诚信基础，社会秩序将会无序且一发不可收拾，趋于更加混乱。若如此，人与人之间的关系就会完全无序，互相猜忌，互相防备，互相对抗，人人自危，当然是不可取的。所以，历代社会都强调诚实守信、守约，并有无数美好的案例。比如，在婚姻上都要讲究"百年好合""海誓山盟""同甘共苦""荣辱与共"；朋友关系强调"赴汤蹈火""言必行，行必果"；履行责任方面讲究"有借必还""父债子还"；等等。这些都是中国历史上关于忠贞忠诚、诚信守约的人们耳熟能详的俗语，也是人类社会良好社交关系的基础。每个人都守约，都诚信，这样换来的实际上是非常美好的社会秩序，对个人行事来说，所谓"好人有好报"，也都会赢得最美好的结局。

第五，自信自强和勇敢坚毅之美。

人干一件事情需要坚持不懈，具有执着的毅力才能成功。如果半途而废，做事不坚定，不执着，往往功败垂成，其结局都是不美的。而坚毅执着的例子也有很多，比如，中国古代张骞出使西域、苏武牧羊、司马迁写作《史记》，中国现代张海迪身残志坚、勤奋学习；国外的事例有贝多芬失去听觉还勤奋学习音乐的故事等。古今中外这方面的例子不胜枚举。人们通过坚毅的毅力和精神，坚持不懈，执着干下去，最终都会取得成功，这是人类行为的一种美好的结局，也体现了我们精神执着的行为之美。

在人类社会相处中，每个人都应该自信自强，自信才能抬起头来做事，对自己有底气，不依靠他人，不委曲求全，独立自主，自力更生，才能让别人看到你坚强的一面，对你有一种尊重，自强才能干成我们自己想干的事情，最后的结局才是美好的。

第六，公平正义之美。

"公平正义"是社会道德风范中一项非常重要的标准，是衡量一个国家和社会文明发展程度的标准，是构建和谐社会、人际关系和睦的重要条件，也是当下全社会都积极倡导与弘扬的社会美德，当然也是作为社会中每个人都应该坚守和修炼的美德。

在人类社会的运行中，按照一定的标准和正当的途径、秩序来对待社会生活中的人和事，让社会生活中的每一个人公平地参与各种活动，获得各种权利与资源，以及劳动成果的分配，就是公平。坚持按社会约定俗成的道德规则和法律法规行事，维护正常的社会秩序和人的正当权益，弘扬平等、诚信、善良、仁爱（敬老育幼、济贫扶弱）之行为，反对恃强凌弱、巧取豪夺、欺上瞒下、推脱责任等不良行为，就是正义。

在历代社会中，推行公平正义既是一种社会美德，也是广大社会百姓非常推崇和期待的社会秩序。让全社会成员之间参与各种竞争升迁，通过公平竞争手段和公开、正当的途径获取正当利益；在生存居住、教育、就业等权利方面都得到同等保障，弱势群体不被强势群体欺辱和巧取豪夺；老年人得到尊重，年幼体弱者得到保护；诚实善良的行为得到肯定和回报。这些都是公平正义所倡导的行为，也是人类社会发展进步的重要价值取向，是构建和谐优美的社会秩序的重要基础。

但是事实上无论是古代社会还是当下社会，都还或多或少在某些地方、某些领域存在缺乏公平正义的现象。所以，在社会中我们每个人都要积极倡导和坚持公平正义，从自己的一言一行做起。只有人人行动起来，人人都在自己的工作与生活范围内坚守公平正义之事，才能共同为构建和谐社会添砖加瓦。也正因为公平正义的事情还没有得到绝对普及，所以，公平正义这种行为在历代社会人民眼里，都是一种最值得推崇和追求的美好事物（现象）。在我们身边，总是有很多人和事，在不断坚持和追求公平正义，并受到各级政府、各个层面的表彰，在众多文艺作品中被广为歌颂，这也是社会生活被广泛追求的道德之美。

二、礼仪之美

人类社会进入文明社会的标志就是礼仪。《礼记》说："凡人之所以为人者，礼义也。"人类社会进入文明社会后需要建立秩序，需要制度来进行规范约束，所以，人类在交往过程中就形成了一系列的规范性动作与要求，形成了主客尊卑之仪表。管仲说："礼仪者，尊卑之仪表也。方物之程式也。故动有仪则令行。"① 孔子也说："非礼勿视，非礼勿听，非礼勿言，非礼勿动。"孔子还说："礼者何，即事之治也。"这些著名的论断说

---

① 转引自：黄缨焱. 礼仪与审美［M］. 北京：北京理工大学出版社，2020：3.

明，人类社会的进步是依靠一定的秩序与制度来维持的。而这种秩序、制度的建立是由约定俗成的礼仪来形成的。

礼仪是人与人之间在进行交往和进行各项社会活动过程中所遵循的礼节与仪式。礼节是人们在交往过程中出于礼貌互相尊重、表示友好的一种行为。"礼"是指人类进入有组织的社会以后，为了开展某种活动所举行的集体遵守的一种行为活动规则。比如祭祀、祈祷、拜佛所进行的一些规定动作。礼仪所包括的内涵非常多，人与人之间交往的言谈举止、握手，共同进餐、敬酒、敬礼，讲秩序，在交往过程中以言语行动表示对对方的友好、尊重与恭敬，以言行表示自己的谦卑等，都是礼仪的范畴。在人类活动中推而广之，礼仪包括语言交谈，相互见面，共同参与各种活动，接待来访宾客，进行正式的公共活动，按照年龄长幼尊卑或级别顺序排列，朋友与朋友见面，老师与学生教学与学习活动，商务中双方的交往，职业活动中面试，布置工作，协作劳动，等等。在我们今天的许多工作中都有对外交往活动，其中的礼仪活动都必不可少，人与人之间的见面，在共同场所开展工作或活动，接受服务，排队参观、访问，在公共场所学习、娱乐等活动中，都要涉及礼仪。在人类社会，尤其是古老的中华民族几千年繁衍发展过程中，形成了一系列的礼仪行为举止，每个人都应该遵守社会共同约定的礼仪、举止，社会才会更加规范，更加有秩序，各种活动开展起来才有条不紊，国家才能取得更大发展，社会才会安定，家庭生活才会其乐融融。总之，人类社会一方面依靠法治，采用强硬的制度来约束人的行为；另一方面，礼仪是通过人们自愿接受，长期约定俗成形成的一种习惯性的行为。礼仪活动一般来说不受法律约束，但受道德约束，是人们长期生长于社会中接受教育，潜移默化，自愿遵守的共同的行为规则。同时也是处于社会中的每个公民必备的基本素质和精神追求。正因为人与人之间互敬互爱互帮，以礼约束做人的行为，规范调节人际交往，这样才形成了一个非常和谐有序的社会，俗称"礼仪之邦"。正因为全社会绝大部分人自愿遵从礼仪制度的约束，人们在礼仪交往过程中潜移默化，自觉遵守礼仪的规范性，体验到礼仪对社会的益处和其重要意义，才能更好地感受到礼仪行为所具有的和谐力量，并让接受者和施行礼仪者双方都感受到礼仪之美。礼仪具有的社会功能很多，主要包括以下几方面：

其一，礼仪行为可以帮助人提高自身的修养和素质。一个人生活在社会中，个人的素质，既能让自己眼界开阔，思想站位高；同时更让其他人——礼仪的观赏者感受到一个具有礼仪的人所具备的优雅的气质，翩翩的风度，崇高的教养。礼仪反映着一个人的风度气质，所具有的道德风尚、教养水平、文明程度和道德水准，是个人高素质的综合体现。

其二，礼仪可以帮助人们美化自身，美化生活。讲礼仪的人在言谈举止、穿着打扮上都非常规范，正是在执行这些规范活动中，个人的仪容仪表、举止、服饰、谈吐，都有相应规范，在遵循这些规范中，个人的形象显得更加整洁有序。比如，注重礼仪的人在穿着打扮上会按照社会提倡的最喜闻乐见的穿着方式去进行操作表现，所展示的个人形象当然也是符合大众审美的。每个人都去遵守礼仪规范，注重自身形象，这样，社会中也就会充满着各种美好的形象与场景。

其三，礼仪可以帮助促进人们的社会交往，完善人际关系。这也是礼仪中最为重要的一条。人与人之间交往需要有一定的秩序，互相敬重，社会的氛围才会更加轻松和谐，人们在敬重别人的过程中，自己也得到了尊重。中国人常常强调"你敬我一尺，我敬你一丈"，每个人都主动尊重别人，对他人友好，就会迎来他人对自己的友好，得到回报，这样，整个社会就显得更加和谐，其乐融融，充满着友好与善意。彼此之间增加了解与信任，人们在交往活动中，就会坚持诚实、守信，人与人之间相处也就会轻松自然融洽，而不需要时时防备别人，或对别人充满敌意，让自己充满警惕、紧张的思想。通过建立一种礼仪社会，人们的生活状态都会得到极大的改善，所以它可以促进人们更多的社会交往，使人与人之间的关系更为亲密，更为和谐，更为友善。

其四，礼仪可以推动整个社会制度和精神文明的建设。从古至今，无论是朝廷统治者，还是普通老百姓，对礼仪都高度重视，广大民众也都能从中受益。所以，从古代《四书五经》中就有诸多关于礼仪的记载。《左传》中记载："礼，经国家，定社稷，序民人，利后嗣者也。"讲到了礼仪行为可以更好地经营和管理国家，使社会安定团结，使老百姓生活有序，对整个社会的发展，特别是对后人的成长都非常有利。如果一个社会形成了高度的礼仪，社会就会空前和谐团结，经济生产就会发展更快。所以，从古到今统治者都非常注重礼仪制度的建设。提倡礼仪才能更好地推进社会的发展。在当代，提升礼仪也正好可以推进中国特色社会主义精神文明的建设，更好地促进中华民族向前发展。

日常生活中，礼仪交往主要应包括以下原则：

第一是遵守。在社会交往活动中，每一位参与者都应该自觉自愿地遵守社会约定俗成和国家规定的礼仪，以"礼"去规范自己的言谈举止。只有按照约定俗成的礼仪规范去行为，才能赢得他人的尊重，达到自己与他人交往的活动目的，或寻求帮助，或宽慰他人，或寻求联动。

第二是自律。这也是礼仪的基本要点，遵守礼仪就是要个人自律，自己对自己有约束，有要求，在行为活动中自我反省检查，看自己平时的交往行为是否恰当，对待他人的态度是否正确，是否诚信友好，以此来对照检查，约束自己的行为。

第三是敬人。在人类社会交往中，我们每个人都应当怀揣一颗敬人之心，始终保持对他人的尊重，而不能以伤害他人来寻求个人的自尊。人与人之间的尊敬只能是来自他人，如果自我过分强调尊敬，或强求受到尊敬，就会变成一种自傲自满。

228

第四是宽容。在交往活动中，礼仪的要求是"严于律己，宽以待人"。对他人要宽厚，在与人交往中，要善于理解别人，宽容他人，不要去强调或探求别人的缺点，不要斤斤计较，过分苛求别人，这样，通过宽容才能达到所谓"有容乃大"的效果。有宽容、有度量的人，才是德行高尚的人。

第五是强化平等。人与人之间都是平等的，不管双方在职业、职位、财富方面有多大差距，但人在本质上是平等的。所以，在与他人交往过程中，不可因为个人财富、职位的区别而以个人的强势来压制别人，或者一个人弱于对方，就自我贬低，自弱自卑，这都不是正常的礼仪交往。我们常说，人要自尊自信，其实都是建立在平等的基础上的。每个人与其他人在本质上都是一样的，所以我们既不能委身于他人，自我显得渺小，或者自己觉得比别人强大，骄傲自满。欺凌别人的人，人们都认为他是坏人；卑躬屈膝的人，让人觉得是小人。这都不是人与人之间正常的美好的礼仪交往。

第六是从俗。所谓"从俗"是指在社会交往中相互尊重对方的习惯风俗。由于国情、民族、地域文化背景的不同，人与人在交往时，要坚持"入乡随俗"，对他人的风俗习惯要表示尊重，不能以个人的意志行为习惯来要求别人。

第七是真诚、诚信。这是礼仪交往中非常重要的一条。言行一致，对人坦诚，表里如一，说到什么就要做到什么——当然是指符合规范行为的语言表态，做到表里如一，诚实守信，不虚伪。如果在礼仪交往中不诚实守信，说假话，欺骗人，是有悖于礼仪的基本宗旨的。其他还有比如适度、稳定——在礼仪交往中注意把握分寸，在与别人交往中，不可态度时好时坏，时而冷漠，时而热情，或者对待不同的人态度不同，这些都不是"适度"。要注重多沟通，注重多互动，换位思考，多体谅对方，站在别人的角度来考虑问题，这样人与人之间，就会更加和谐友善。

综合看，礼仪美具有四个方面的审美特征：

第一，礼仪具有德行高尚之美。

人类社会长期形成的礼仪，都是坚持以友善、诚信、热情大方、平等、宽容、谅解、尊重为特征的。而这些特征，主要都是为他人着想，以利于他人而约束自己的一些行为，所以礼仪中的这些德行都是具有高尚的道德品格的。从思想内涵、情感方面来讲，礼仪中所强调的行为规范是充分展示了人类修德、仁爱、谦卑、诚信等高尚的思想品德的，所以礼仪具有德行上的高尚之美。

第二，礼仪具有整洁秩序之美。

礼仪中所强调的行为规范，比如穿衣打扮要整洁，个人形象要整洁干净，人与人在社会活动中强调谦让有序，这样，人们的行为规范、言谈举止就充分展示了人类行为的秩序之美和外在的形式之美。礼仪中，无论是言谈要讲究礼貌谦让的语言，还是个人穿着打扮，以及在公共场所的坐姿、站姿，人与人的活动都要显得有序，所以，礼仪使社会更加具有秩序之美，和谐之美。

第三，礼仪具有人与人之间的亲和之美。

父亲对孩子要有责任感，孩子对父母要有孝敬心，家庭成员之间，要更多站在对方立场上去考虑问题。这样就形成了关心家人的社会伦理。正是因为互相之间的关心，形成的家庭亲情，和谐融为一体。除了家庭之中父子、爷孙等不同对象的家庭成员之间要有关爱，在社会上，同样也强调人与人之间的互相理解，互相谦让，互相支持，互相关心，互相帮助，这样才能形成整个社会更加团结和谐的局面。早在封建社会就有"老吾老以及人之老，幼吾幼以及人之幼"的倡议，今天如果我们都能把社会上的其他成员看作家庭成员一样去关心，那么我们每个人也都能感受到社会上无数人对自己的关心、爱护、帮助。因此，我们生活在这个社会里就像一个大家庭一样，时时处处都会感觉到亲情的温暖和支持，每个人的付出也都会有回报，从而形成人与人之间更加亲和、团结的局面。爱情和亲情本身就是一种美，是一种情感的美，所以，社会礼仪使全社会人与人之间形成了一种更加亲和的关系，从而形成了更美的人际关系。

第四，礼仪具有外在的形式美。

社交礼仪中，人们的言谈举止都强调规范，与他人见面，互相问好、敬礼、握手、作揖，这些动作都是很优美的。在公

图25　礼仪活动 [明] 陈洪绶《晋爵图》

共场所，开会、听讲座，参加其他活动，坐着的人要有坐的姿态——端正稳健，站着的人要有站的姿态——挺拔肃立，这样才有形体姿势的美。现代社会，各种商务活动都有礼仪小姐、礼仪先生。他们在站立、走路、穿着打扮上都有一系列的规范，他们穿着整洁，衣服笔挺干净，动作整齐规范有序，他们每个人从头发到面容，再到衣服、鞋帽，各个部分都收拾得干干净净，整整齐齐，让人耳目一新，看着神清气爽。所以，在礼仪交往活动中，每个人的服饰、面容、坐姿、站姿、形体等，都具有礼仪所规定的特殊的形体美，让人们在欣赏时，也都能感受到特别的外在形式美。

图 26　礼仪站姿

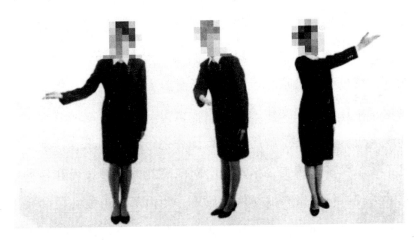

图 27　接待礼仪姿态

三、如何开展对道德礼仪美的审视与评价

如何开展道德礼仪的审美及评判，依笔者浅见，我认为应当从以下几点着手。

第一，要始终坚持社会主义核心价值观，坚持以中华优秀传统文化来充实和武装我们的头脑。健康优良的道德风尚是构建和谐社会的基础，正确的人生观、价值观是一个人立身社会之本，只有以正确的人生观价值观来引领自己的言谈举止，一个人在社会中才能树立良好的个人形象，也才能更加顺利平安地存在于社会之中。反之，一个没有良好德行和素质，没有基本正确的为人处世方式的人，他对于社会是无益的，也得不到周围人的支持，甚至只有被社会抨击、反对、驱逐。

第二，广泛深入学习中华优秀传统文化，全面提升文、史、哲相关修养。中国传统文史哲知识体系中涵盖了历代社会所推崇弘扬的道德风尚，以及人们行事做人的基本道理、基本规则，优良的社会道德风范以及各种具有正能量的礼仪活动是构成中华优秀传统文化的重要组成部分。通过广泛阅读和学习传统文史哲知识，了解历代具有优秀德行的人和事，特别是弘扬正气、弘扬真善美、推动社会向前发展的道德风尚和各种优雅的礼仪、行为举止的案例和故事，明白历代道德礼仪的基本内涵、基本表现与各种良好的社会现象，明白道德礼仪对于构建社会秩序，构建人类美好生活的价值与意义，提升自己的思

想认识和德行品位，才能更好地发现和评判优良的道德礼仪行为活动。

第三，深入生活，扎根人民。"读万卷书"还要"行万里路"，要多深入社会各个阶层、各地域、各种社会群体、各种社会活动中，去发现、体验社会生活中的各种人和事，发现良好的、正面积极的社会现象，优良的道德礼仪表现，发现生活中的真、善、美，同时也要善于敏锐地辨别和发现假、恶、丑的社会现象。深入生活、深入实践、对比考察，才能明辨是非，才能对生活中各种优秀的道德礼仪行为与事例有更多发现，通过多实践，才能更好地树立自己对良好道德风尚、优雅礼仪的认识了解和评判。

第四，切身实践，以身垂范。优良的社会道德风尚不仅仅需要发现，还需要社会中每一个人从自身做起，以身示范才能更有体验感和说服力。在自己的日常生活与工作中，践行良好的道德风范举止，践行优雅的礼仪行为，既能更深刻地体验到什么是社会所需要的积极向上的德行与礼仪行为，又能从第三者角度更好地感受到优雅的礼仪、美好的德行带给人的舒适感、满足感和幸福感。所以，从自己的一言一行做起，积极践行社会所倡导的良好道德风范和优雅礼仪，既能很好地树立个人良好形象，也能更好地体验到高尚的德行与优雅的礼仪活动所带来的良好的社会秩序，所营造的美好社会环境与美好生活，还能更好地实现道德礼仪之美及其美化社会生活的多种功能与价值。

参考文献

［1］朱光潜.谈美书简［M］.武汉：长江文艺出版社，2008.

［2］李泽厚.美学三书［M］.北京：商务印书馆，2006.

［3］叶朗.美学原理［M］.北京：北京大学出版社，2009.

［4］朱良志.中国美学十五讲［M］.北京：北京大学出版社，2006.

［5］朱良志.曲院风荷：中国艺术论十讲［M］.北京：中华书局，2014.

［6］于丹.中国人的生活美学［M］.北京：北京联合出版社，2017.

［7］朱志荣.日常生活中的美学［M］.上海：上海人民出版社，2012.

［8］刘悦笛.东方生活美学［M］.北京：人民出版

[9] 刘悦笛. 生活中的美学 [M]. 北京：清华大学出版社, 2019.

[10] 彭吉象. 艺术学概论：第4版 [M]. 北京：北京大学出版社, 2011.

[11] 陶渚镇. 美的沉思 [M]. 桂林：广西师范大学出版社, 2015.

[12] 李伟权，李明，等. 艺术美学 [M]. 北京：清华大学出版社, 2014.

[13] 郑南阳，黄柏青. 艺术与审美 [M]. 长沙：中南大学出版社, 2013.

[14] 王兴国. 艺术学美学概论及范本 [M]. 北京：光明日报出版社, 2008.

[15] 杨辛甘霖. 传统美学及其当代创新 [M]. 北京：科学出版社, 2019.

[16] 张祥龙. 当代美学十五讲 [M]. 北京：北京师范大学出版社, 2007.

[17] 宫立海. 通俗美学：第2版 [M]. 南京：东南大学出版社, 2011.

[18] 刘晓瑜. 服饰美学 [M]. 北京：中国纺织出版社, 2014.

[19] 梁梅. 设计美学 [M]. 北京：北京大学出版社, 2019.

[20] 姜鹤鸣. 礼仪与审美 [M]. 北京: 北京理工大学出版社, 2016.

[21] 黑格尔. 美学 [M]. 重庆: 重庆出版集团, 2005.